明明·
有點甜

施易男的 50 道幸福甜點，
以及甜點教我的事

施易男———著

自序

甜點有愛，愛有點甜

因為
甜點是一種幸福的滋味
可以把這種幸福分享出去
可以看到大家吃到甜點而嘴角揚起的表情
所以
我開始喜歡甜點

這本書記錄著我的甜點歷程
也記錄了我做甜點以來的很多作品

這不只是一本只有食譜的甜點書
更是一本讓我們的人生有點甜的甜點書

甜點教會我的事太多太多
感謝我的人生中能與甜點相遇

從一個完全不會做甜點
到後來考上證照、教課到現在出版甜點書
一切都是那麼的不可思議
所以永遠不要小看自己

這本書的書名叫做《明明‧有點甜》
這是我自己取的
大家有看出什麼端倪嗎？

我媽媽是「小明明」
「明明」是我媽媽的名字
我很愛、很愛、很愛我的媽媽
所以「明明」這兩個字
對我來說有特別的意義
充滿著愛和希望
《明明有點甜》，也就是「愛有點甜」的意思
但反過來看
就是「甜點有明明」，也就是「甜點有愛」
做甜點時，心裡一定要充滿著愛
做出來的甜點才會好吃

感謝我的媽媽
因為她，讓我的人生充滿了愛
也讓我成為一個良善、樂觀的人

感謝遠流的明雪、曼靈、孜懃的支持及包容
才有了這本書的誕生

感謝我的姊姊
不管到哪個國家出差或旅遊
都會到當地烘焙店替我採購

感謝潔然、文妍、嘉晏、利真、嘉珍、慧芬、小魏、華安哥、愛德、芝葒
如果沒有這些朋友的協助
我一個人是無法完成的

感謝花蓮的粉絲美惠
每年都會做一本我一整年所做的甜點作品集送給我
讓我有了出版這本甜點書的想法

感謝每個來上我的甜點課的學生們
因為你們的支持及熱情
讓我在甜點的路上不孤單

謹以這本書獻給我最愛的媽媽——小明明
也獻給每個有愛的你們

我的人生因為有了甜點而開始有點甜
也讓我們的人生及生活一起有點甜吧！

目 錄

contents

Chap. 1

初心——
與甜點相遇

就在我對演戲失去熱情和想法的時候，

甜點正好出現在我生命的轉彎處，

填補了我對人生的一點期待，

並給了我一個新的可能與方向。

一般人對我的認識，大多來自螢光幕上。從十五、六歲踏入演藝圈至今，許多人對我的印象與熟悉感都來自電視與媒體。但近幾年，我的稱謂多了一些不同，「甜點王子」或「甜點老師」，成為我新增的身分。

與甜點有了連結，或許是我的人生從戲裡到戲外最特別的一道轉彎，也是目前最值得我投入，也最讓我感到幸福的一件事。

戲裡人生轉彎來到戲外

大約 10 年前，因為拍攝大愛台的《清秀家人》接觸到糕點製作，配合劇情需要，劇組安排演員們學習一些製作糕餅的技術，那應該是我第一次認識點心的製作過程。之後拍《美樂，加油！》，因劇中角色經營麵包店，為了詮釋到位，劇組安排我們去學習烘焙的基本功，才能演得像真的一樣。

剛開始接觸什麼都不懂，就是跟著老師一步驟、一步驟的做。看著這些水、麵粉、糖或蛋等等材料經過攪拌、混合，再送進烤箱，出來之後稍加裝飾，居然可以變化出一個視覺上美觀、味覺上滿溢甜蜜的點心。這整個過程彷彿變魔術一般讓我感到不可思議。

我心想，為什麼甜點這東西可以讓人看著就覺得開心、吃著就充滿微笑呢？也太太太神奇了吧！我閃現了一個念頭，超想學會做出這個神奇的東西。

也差不多在這時候，我對演藝工作感到有點倦怠。從出道以來一直不停的拍戲，拍了好多好多年，不時會想說：「難道我只能這樣拍下去嗎？」對演戲的熱情彷彿被澆熄了。就在那股熱情流逝的當下，甜點竟透過這兩齣戲出現在我的眼前。

對我來說，演員這工作其實是在不斷揮灑自己的情緒，常讓我覺得自己被掏空，很需要注入新的感受。而就在我覺得對演戲失去熱情和想法的時候，甜點正好出現在我生命的轉彎處，填補了我對人生的一點期待，並給了我一個新的可能與方向。

毅然決然放下一切

對甜點產生興趣後，我期望自己可以更精進，抱著想做就一定要做好的心態，我放下了原本的演藝工作，讓自己心無旁鶩的學會甜點。

剛開始決心完全投入，身邊的人都覺得不可能。當時我的戲約一檔接一檔，就一般人看來算是發展得不錯，怎麼可能說放就放？加上當時修習的研究所課程即將完成，眼看畢業後更有時間接更多的戲，但我卻決定先學會甜點再說。

親友間當然出現了各種勸退的聲音，就連我最愛的媽媽也不認同，她曾經對我說：「你演戲一集的收入，可能賣上千顆馬卡龍還賺不到！」她不懂我為什麼會做這樣的決定。

那時大家勸說的話言猶在耳，我也知道大家都在替我擔心，擔心我脫離原本的環境與舒適圈之後會無法適應。我自己當然也會擔心，甚至有點害怕，但是我告訴自己不要想太多，回到初衷，就是單純的想學會一件事，想讓自己能專注完成一個目標。

我每個時期都會替自己設下一個學習目標，尋找一件我有興趣的事，然後想辦法學會並完成目標，像是上室內設計課、唸研究所等，一路以來也用這樣的方式學會了不少技能。

在學習的路上，一定會有很多風風雨雨，但我堅信只要專注在我想做的事情上

就好，因為專心能讓我獲得成功。我抱持著這樣的心態完成了各階段的學習，甚至後來也是憑著這股信念學會做甜點，並且在這條路上繼續精進。

甜點帶來純粹的幸福感

其實我不是個重視「吃」的人，從小到大都算很好養，有什麼就吃什麼。因為少了「美食主義者」的形象，所以當我對外宣告自己要一頭栽入甜點世界時，確實跌破了一堆人的眼鏡。

有些人想學做甜點是因為本身愛吃美食，進而想學會自己製作美食，但回到我自己選擇甜點的初衷，其實單純只是因為那股透過甜點與人分享的喜悅，而且拿到甜點的人，也會因為接收到這份特別的心意產生療癒感。

甜點有股讓人不自覺揚起嘴角的能量，光是想到這點就讓我感到很滿足。或許是因為我喜歡讓人開心、快樂，就像我從事演藝工作也是為了散播歡樂、散播愛，甜點一樣擁有這種帶給他人幸福感的能力。

甜點，可以說是充滿了愛的力量，正因為這種力量，讓我覺得能遇上甜點，實在是無比美妙。

蔓越莓冰箱餅乾

材料 約 50 片

無鹽奶油（室溫軟化）	100g	低筋麵粉	230g
沙拉油	30g	無鋁泡打粉	1g
細砂糖	120g	蔓越莓乾	100g
鹽	2g	蘭姆酒	20g
雞蛋	1 顆		

—— Notes ——

書中使用的無鹽奶油皆指動物性奶油，購買時需注意。可參考品牌如安佳鮮
奶油、President 總統牌無鹽奶油條、鐵塔牌發酵奶油等。

作法

1
將蔓越莓乾以蘭姆酒泡 30 分
鐘至 1 小時，瀝乾備用。

2
將室溫軟化後的無鹽奶油、沙
拉油、細砂糖、鹽混合攪拌至
蓬鬆，再加入雞蛋，攪拌至乳
霜狀，讓蛋液充份被吸收。

3
將過篩的低筋麵粉、無鋁泡打
粉、作法 1 的蔓越莓乾加入作
法 2 中，攪拌均勻成麵團。包
上保鮮膜，冷凍 15 分鐘，接
續比較好塑形。

4
桌上鋪保鮮膜，將作法 3 的麵
團用手搓揉成圓柱長條形，再
放入冷凍約 6 小時，使其變硬
凝固。

5
取出作法 4 的長條麵團，切片
成厚度約 0.5 公分，以 170 度
烤約 15~18 分鐘。

柚見月圓小西餅

材料 約 15 片

無鹽奶油（室溫軟化）—— 45g	柚子醬 A ———————— 35g
細砂糖 ————————— 10g	低筋麵粉 ——————— 110g
雞蛋 ——————————— 35g	柚子醬 B ————————— 適量

作法

1

將無鹽奶油攪打至乳霜狀。

2

加入細砂糖，再續打至泛白。

3

分次加入全蛋，拌勻至蛋液完全吸收。

4

將低筋麵粉過篩，分 2 次加入作法 3。

5

加入柚子醬 A 拌勻成麵團狀。

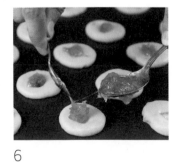

6

將麵團分成每個 15g，揉成圓型後壓扁，在中心點壓出一個指型，加入柚子醬 B，以攝氏170 度烤 13~15 分鐘即可。

Recipe

03

狗狗南瓜營養餅乾

材料　12 片

雞蛋	1 顆
南瓜泥（蒸熟的）	125g
葵花油	5g
低筋麵粉（也可換成米榖粉）	150g
燕麥片	60g

——— Notes ———

・這是一道狗狗和主人可以共享
　的甜點。

・因內含燕麥，貓咪不適合吃喔。

作法

1
將南瓜蒸熟，壓成泥狀備用。

2
將雞蛋打散，加入南瓜泥、葵花油拌勻。

3
將低筋麵粉過篩，加入作法 2 中，再加入燕麥片拌勻。

4
用冰淇淋勺挖至烤焙墊上，壓平後以攝氏 150度，烤 35~40 分鐘。

覆盆莓雙色蛋白餅

材料 約 35 片

蛋白 ─────────────── 100g
檸檬汁 ─────────────── 少許
細砂糖 ─────────────── 180g
覆盆莓粉 ──────────── 5~8g

作法

1
將蛋白加入少許檸檬汁打發至
起泡。

2
再將細砂糖分 2~3 次加入，打
發至堅挺有光澤。

3
將作法 2 的蛋白霜平均分成兩
份，其中一份加入覆盆莓粉攪
拌均勻成粉紅色蛋白霜。

4
將粉紅色蛋白霜倒入裝有花型
花嘴的擠花袋，並塗抹在擠花
袋內的周圍。

5
將另一份白色蛋白霜倒入擠花
袋中間。

6
擠花在烤焙墊上，以攝氏 100
度烘烤 50~60 分鐘。

義式脆餅

材料　約 24 片

雞蛋 ———— 2~3 顆
砂糖 ———— 65g
鹽 ———— 少許
葡萄籽油 ———— 10g
無鋁泡打粉 ———— 4g

低筋麵粉 ———— 160g
杏仁粉 ———— 110g
蔓越莓乾 ———— 130g
果仁 ———— 35g

——— Notes ———

杏仁粉需選用西點烘焙專用
杏仁粉（不同於杏仁露使用
的杏仁粉），可至食品原料
行購買，可參考品牌如 SOSA
索莎西班牙杏仁粉等。

作法

1

將雞蛋、砂糖、鹽和葡萄籽油
一起加入攪拌盆中拌勻。

2

將泡打粉和低筋麵粉過篩，再
加入杏仁粉拌勻。

3

將作法 2 粉類加入作法 1 中，
拌勻成麵團。麵團會有點黏稠
感，若手感太乾，可再加入半
顆或 1 顆蛋。

4

將蔓越莓乾和果仁加入作法 3
中拌勻成麵團。

5

準備手粉（高筋麵粉）撒桌上，
將作法 4 麵團倒至桌上整形成
長條狀。

6

作法 5 長條麵團入烤箱，以攝
氏 160 度烤 25 分鐘，取出稍
微放涼切片，再烤 20 分鐘。

起司辣味果仁餅乾

材料 約 25 片

船型餅乾殼	25 片	糖粉	15g
無鹽奶油	30g	起司粉	4g
水麥芽	32g	紅椒粉	2g
動物性鮮奶油	12g	澳洲果仁（夏威夷豆）	100g
細砂糖	15g		

作法

1

澳洲果仁先入烤箱烘烤過，以
增加香氣。

2

取無鹽奶油加入水麥芽與鮮奶
油，加熱煮至小滾。

3

續加入細砂糖、糖粉、起司粉、
紅椒粉煮沸即可離火。

4

將烘烤過的作法 1 果仁加入作
法 3 中拌勻。

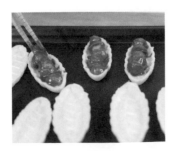

5

將作法 4 的果仁放至船型餅乾
殼上，入烤箱以攝氏 160 度烤
10~15 分鐘。

——— Notes ———

・船型餅乾殼為糯米製
　品，食品原料行或烘
　焙用品專賣店有售。

・鮮奶油必須選用動物
　性鮮奶油，可參考品
　牌 如 President 總 統
　牌動物性鮮奶油、安
　佳鮮奶油或鐵塔牌鮮
　奶油等，一般超市或
　食品原料行均有售。

丹麥小西餅

材料　約 40 片

無鹽奶油（室溫軟化）——— 454g
糖粉 ——————————— 300g
雞蛋 ——————————— 110g
香草籽或香草精（可不加）— 少許
中筋麵粉 —————————— 600g
牛奶（備用）——————— 適量
可可粉 ——————————— 50g
沙拉油 ——————————— 少許

作法

1
將已放室溫軟化的無鹽奶油攪拌得稀一
點，可先小火煮或微波一下，但不能加
熱至液態或油水分離。

2
將糖粉加入作法 1 中拌勻。

3
將雞蛋分兩次加入作法 2 中拌勻。

4

將香草籽加入作法 3 中拌勻。

5

中筋麵粉過篩,加入拌勻(若少量可用手拌,大量則用機器)。若麵糊太乾,可再加些適量牛奶,方便後續擠花。

6

拌好的麵糊分兩份,其中一份加入過篩的可可粉。若麵糊較乾,可加一點沙拉油攪拌。

7

再將兩份不同色麵糊分別倒入裝有花型擠花嘴的擠花袋中。

8

烤盤放烤焙墊或烤焙紙後開始擠上麵糊,烤箱設定上火 200 度/下火 160 度,烤 10~12 分鐘即可。

貓熊糖霜餅乾

材料　約 14 片

餅乾體

無鹽奶油（室溫軟化）	110g
細砂糖	80g
雞蛋	1 顆
鹽	2g
香草精（可不加）	少許
低筋麵粉	200g

裝飾糖霜

糖粉	200g
蛋白	40g
檸檬汁	2g
深黑可可粉（或竹炭粉）	5g

作法

1

將室溫軟化的無鹽奶油加細砂糖，攪拌成乳霜狀。

2

將雞蛋打散後，分次加入作法 1 的奶油中攪拌均勻。

3

將鹽和香草精加入拌勻。

4

低筋麵粉過篩後加入作法 3 的
奶油中，以刮刀拌成麵團狀，
壓成圓扁形。用保鮮膜包好，
冷藏 3 個小時。

5

拿出冷藏好的作法 4 麵團，以
擀麵棍擀成厚度約 0.3~0.5 公
分，用貓熊造型模具壓模後，
以 180 度烤 12~15 分鐘，烤
好置涼備用。

6

取糖粉和蛋白混拌均勻後，加
入檸檬汁拌勻。

7

將作法 6 分成兩份，其中一份
加入深黑可可粉拌勻，然後分
別倒入裝有 0.1 公分花嘴的擠
花袋中。

8

將作法 7 的兩種顏色擠花糖霜，擠出裝飾於置涼的貓熊造型
餅乾上，待糖霜乾燥即可。

葡萄燕麥果仁餅乾

材料　約 32 片

餅乾體

無鹽奶油（室溫軟化）	170g
黑糖或紅糖	150g
雞蛋	2 個
中筋麵粉	100g
無鋁泡打粉	2.5g
肉桂粉或香草精	2.5g
鹽	少許
燕麥	230g
葡萄乾	150g
果仁碎粒	34g
蘭姆酒	適量

作法

1
將葡萄乾用蘭姆酒浸泡約 15
分鐘後瀝乾。

2

室溫軟化後的無鹽奶油及黑糖
（或紅糖）用槳狀攪拌器攪拌
均勻後，加入雞蛋拌勻。

3

將過篩的中筋麵粉加入無鋁泡
打粉、肉桂粉和少許鹽，加入
作法 2 奶油中拌勻。

4

再加入燕麥低速拌勻。

5

加入作法 1 瀝乾的葡萄乾及果
仁碎粒拌勻。

6

烤盤上鋪好烤焙紙，用冰淇淋勺將作法 5 麵糊挖至烤盤上，並壓
平約 0.5~0.8 公分厚，以攝氏 180 度烤 12~15 分鐘即可。

玻璃糖餅乾

材料	約 16 片

無鹽奶油（室溫軟化）	150g
細砂糖	105g
雞蛋	1~2 顆
低筋麵粉	300g
鹽	3g
香草精（可不加）	適量
彩色玻璃硬糖（需先敲碎成粉狀）	適量
防潮糖粉	適量

作法

1

將無鹽奶油攪拌變軟。

2

將細砂糖分次加入作法 1 的奶
油中拌勻。

3

再分次加入雞蛋至作法 2 的奶
油中。

4

將低筋麵粉過篩，分次加入作
法 3 的奶油中，再加入鹽攪拌
均勻。

5

加入適量香草精（也可不加），
拌勻成麵團。用保鮮膜包好，
冷藏 3 小時。

6

取出作法 5 麵團，以擀麵棍擀
成約 0.3 公分厚度。

7

用餅乾模壓出形狀,中間需壓
中空,放置烤盤上。

8

中空處放入敲碎成粉狀的彩色玻璃糖,入烤箱以攝氏 180 度烤
13~15 分鐘。

9

置涼後撒上防潮糖粉即完成。

改變——
沒有後路的抉擇

我在這 200 多次的失敗經驗中尋找問題點，

最後終於讓我發現了成功的關鍵和祕訣。

而直到自己體悟到癥結點後，

果然就迎來了真正的成功。

　　遇見甜點的同時，我正持續思索自己的人生，很慶幸甜點在我剛好有點徬徨的時候，給了我一個新的想像與可能。

　　很多人在遇到和我類似的困境時，問題點或許會是該如何學好甜點並同時演好戲，然而我在深思熟慮後，決定全心全意面對這個需要學習新事物的自己。

做事不要留後路

　　在考慮要不要放下演藝工作那時，我正在佛光大學唸藝術研究所。當時我選修了一門林谷芳教授的禪學課，教授曾在課堂上說：「做什麼事不要留有後路。」這句話深深影響了我。

　　如果想做一件事，卻不能立下決心與勇氣，還不斷在想備案和後路，或是覺得做不好之後仍可以走回頭路，這樣絕對無法專心投入新的學習；或許也表示這件事對自己而言，不如口頭上說的那麼喜愛，甚至因此就錯過了真心學習的機會。

　　很感謝林谷芳老師的教導，讓我決意放下原本的舞台。我就這樣斷了自己的後路長達兩年，期間任何戲都不接。我告訴自己，接下來就只能學做甜點，而且用各種方式學。無論是去上甜點課，或是在家不斷看網路影片跟著試做，只要是任何可以學習的方式，我都盡量嘗試。

不多想，設定目標向前衝

　　我覺得要學好一個新的技能，不能只是原地踏步。一旦想太多，顧慮東、顧慮西，就很容易裹足不前。因此我為自己設下目標，不只是要學做甜點，並且要「學到專精」，甚至將甜點練習到可以成為我謀生的技能。

　　當時單純就是想學會，於是報名上烘焙課程，並且以考到丙級西點烘焙證照為目標。考上證照對我來說算是一種實力的認證，也才能讓大家看到我的決心。

　　我也在甜點課堂上養成了「專注」的習慣。因為學習的時間太有限，我必須在課堂上專心聽講，練習操作，有問題就趕緊提問。只有好好把握僅有的幾個小時專注學習，才能一次就學會，這樣的學習才有效率。

　　我就這樣考上證照，接著在網路上開店接單。後來做出的成績，也讓當初不看好的人見識到我的執著，並且肯定了我在這方面的能力。

第一次，從最難的開始

有時想想，或許正是一開始傻傻選擇挑戰了甜點界的魔王「馬卡龍」，才激發出我對甜點的無限鬥志。

當時還不流行甜點專賣店，對一般人來說，馬卡龍應該是一種很夢幻、很難吃到的高級甜點，連坊間的教學課程都很少。才剛學會烘焙的我，看著網路上的馬卡龍實作影片，覺得似乎不難啊，甚至無知的想說它憑什麼賣那麼貴？於是我決定來挑戰這個魔王關卡。

看了幾十支網路影片後，居然做第一次就成功了！我心想，這根本就不算是魔王嘛！

然而，第一次的成功不算成功，我在第二次立馬從雲端跌到谷底。甚至連接下來做的 200 多次，全部都失敗，不斷、不斷的失敗。那兩、三個月的連番挫折，對我來說是非常大的打擊。

第一次明明成功了啊，怎麼會一直做不好？我不斷問自己。後來仔細想想，第一次的成功，其實只是僥倖。

我在這 200 多次的失敗經驗中尋找問題點，最後終於讓我發現了成功的關鍵和祕訣。而直到自己體悟到癥結點後，果然就迎來了真正的成功。

這個經驗也讓我體會到，甜點製作上的許多問題，從一般食譜書或教學影片中不一定看得出來，除非食譜書或課程真的能不藏私完整傳授，否則只能靠不斷嘗試錯誤來累積與學習。

當然最關鍵的是，我並沒有遇到挫折就卻步，那連番的失敗反倒讓我越挫越勇，甚至讓我更加確信一定要做到成功為止。

終於，馬卡龍成為我最拿手的招牌甜點之一。

抹茶青檸雲彩馬卡龍

材料 35 個

馬卡龍外殼	
杏仁粉	180g
糖粉	180g
蛋白 A	66g
（分成 3 份，每份各 22g）	
細砂糖	180g
水	50g
蛋白 B	66g
抹茶粉	5g
鬱金香粉	3g

檸檬奶油內餡	
檸檬汁	134g
全蛋	86g
蛋黃	74g
玉米粉	10g
細砂糖	80g
檸檬皮	適量
無鹽奶油（室溫軟化）	160g

作法

馬卡龍外殼

1

將杏仁粉及糖粉放入食物調理機中打得更細碎。

2

將作法 1 拌勻後分成 3 等份，其中 2 份分別加入過篩後的抹茶粉及鬱金香粉拌勻。

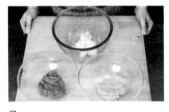

3

接著分別加入蛋白 A（每份各 22g）充份拌勻成杏仁麵糊。

4

將細砂糖及水入鍋煮成糖漿（過程中不可攪拌），煮至攝氏 100 度時，同時開始打發蛋白 B。

5

糖漿溫度到達 118~121 度時熄火，將滾燙的糖漿緩緩倒入正在打發中的蛋白（此時電動攪拌機需持續攪拌）。

6

蛋白霜打至光滑堅挺不滴落狀態，並降溫至與體溫相近。

7

將作法 6 的蛋白霜均分成 3 等份，分別加入作法 3 的 3 種杏仁麵糊中攪拌均勻，攪拌至攪拌棒提起呈絲綢狀（流下後紋路不會立即消失），但不可過度攪拌。

8

將麵糊分別填入擠花袋中，並稍微壓平後將 3 份麵糊疊起對齊，用剪刀將擠花袋剪出開口，開口大小需一致。

9

接著準備一個大一尺寸且裝有圓形擠花嘴的擠花袋，將作法 8 剪好開口的 3 份麵糊擠花袋平均且對齊放入大擠花袋中。

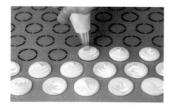

10

在烤焙墊上擠出直徑約 3 公分大小的馬卡龍麵糊，擠好後稍微用手在烤盤下拍打，震出空氣。

11

置陰涼處靜置 30 分鐘至 1 小時（時間長短需視室溫及溼度而定）讓表面乾燥結皮，至用手指輕壓不沾手的程度才能入烤箱烘烤。以攝氏 140 度烤 15~17 分鐘。烤好後一定要先置涼才能拿起。

─── Notes ───

・蛋白請用老蛋白，製作前先將蛋白冷藏 3 天至 1 週。

・作法 11 的外殼乾燥，可以使用電扇或冷氣加速風乾表面。

檸檬奶油內餡

12

將適量檸檬皮加入 80g 細砂糖中，用手搓揉成檸檬砂糖後，靜置 10~15 分鐘備用。

13

將全蛋、蛋黃、玉米粉及作法 12 的檸檬砂糖倒入攪拌盆中，攪拌均勻成蛋黃鍋備用。

14

將檸檬汁倒入湯鍋中，煮滾後熄火，倒入作法 13 的蛋黃鍋中攪拌均勻（沸騰的檸檬汁倒入蛋黃鍋時，要不停攪拌，防止蛋黃鍋變熟）。攪拌均勻後再倒回湯鍋中，以中小火回煮至濃稠狀後熄火並過篩，等待降溫至 40 度。

15

將室溫軟化的無鹽奶油攪拌至乳霜狀後，加入已降溫至 40 度以下的作法 14 中，攪拌至奶油融化成滑順的檸檬奶油內餡（加入無鹽奶油後，可用食物調理棒攪拌至奶油融化成滑順狀）。

16

用保鮮膜貼緊檸檬奶油內餡，冷藏至稍微凝固（可擠餡的程度）。

17

將檸檬奶油內餡裝入擠花袋，擠入置涼完成的馬卡龍殼中即完成。

Recipe

12 可麗露

材料 8 個

牛奶	500g
香草莢	1/2 支
蛋黃	50g
雞蛋	30g
細砂糖	150g
低筋麵粉	125g
無鹽奶油（液態）	50g
蘭姆酒	15g

作法

1
牛奶中加入香草莢煮沸（一定要煮沸），以濾網過濾後，放至無蒸氣煙，備用。

2
將蛋黃、雞蛋、細砂糖一起攪拌至泛白。

3

作法 2 的蛋液中加入低筋麵粉
與融化成液態的無鹽奶油，攪
拌均勻。

4

接著倒入作法 1 的牛奶，再加
入蘭姆酒拌勻。

5

將作法 4 的麵糊蓋上保鮮膜，
放入冰箱冷藏 24 小時熟成。

6

模具內先塗抹融化奶油，放入
冷凍 5 分鐘。

7

將已經熟成 24 小時的作法 5
麵糊由冰箱取出，攪拌均勻後
先倒入量杯，再倒入烤模中約
7 分滿。

8

以攝氏 210 度烤 15 分鐘，改
以 180 度 50 分鐘續烤。中間
每隔幾分鐘若麵糊膨脹起來高
過模具，就必須打開烤箱門
或先取出烤箱，使其降溫消下
去，或戴隔熱手套拍打模具，
讓膨脹的麵糊消下後再烤，
反覆此動作至時間完成。

法式繽紛閃電泡芙

材料 　約30條

泡芙麵糊

無鹽奶油	125g
水	125g
鮮奶	125g
細砂糖	5g
海鹽	2.5g
低筋麵粉	150g
全蛋（室溫）	300g

卡士達鮮奶油醬

蛋黃	145g
細砂糖 A	80g
玉米粉	55g
鮮奶	600g
香草莢	1 支
細砂糖 B	70g
打發鮮奶油	200g

巧克力甘納許淋面

巧克力	200g
鮮奶油	200g
沙拉油	10g

其他

裝飾用糖珠	適量

作法

泡芙麵糊

1
將無鹽奶油、水、鮮奶、細砂糖與海鹽入鍋，以中大火煮沸，至奶油融化後轉小火。

2
將低筋麵粉過篩，加入作法 1，用矽膠刮刀攪拌，讓麵粉受熱糊化，水分蒸發會產生黏性，在鍋底結成薄膜即可離火。

3
待作法 2 稍微降溫後，將全蛋液分次加入。用電動打蛋器中速攪打至拉起後麵糊流下成倒三角形即可。

4
將作法 3 裝入放置菊花嘴的擠花袋中，擠出有紋路長約 10 公分條狀（或是以叉子沾少許水畫出紋路），以 175 度烤 30~35 分鐘（中途絕對不可開烤箱門）。

卡士達鮮奶油醬

5
將蛋黃、細砂糖A、玉米粉用打蛋器混拌均勻備用。

6
將鮮奶、香草莢中取出的香草籽、細砂糖B一起煮至小滾後，慢慢倒入作法5中（手要不停攪拌防止蛋遇熱凝固）。攪拌均勻後，倒回鍋中回煮至濃稠後過篩，並用保鮮膜貼緊降溫。

7
將打發至溼性的鮮奶油加入已經置涼冷卻的作法6中拌勻，倒入裝有圓型擠花嘴的擠花袋中備用。

巧克力甘納許淋面

8　鮮奶油煮至小滾，將巧克力加入攪拌均勻成液態狀。

9
將沙拉油加入作法8拌勻成巧克力甘納許淋面。

10
將烤好置涼完成的作法4泡芙殼底部，用筷子插出三個孔洞。

11
接著將作法7的卡士達鮮奶油醬擠入泡芙殼中。

12
表面沾裹作法9的巧克力甘納許淋面，最後撒上裝飾用糖珠即完成。

Recipe
14

檸檬瑪德蓮

材料 17 個

麵糊

無鹽奶油	80g
細砂糖	110g
檸檬皮	2 顆
雞蛋	2 個
牛奶	35ml
低筋麵粉	130g
無鋁泡打粉	5g

糖霜

糖粉	100g
檸檬汁	20~25g

作法

麵糊 ────────────────────────────

1

將無鹽奶油煮至液態褐色，放涼備用。

2

將檸檬皮刮削成屑，加入細砂糖混拌搓揉成檸檬糖，靜置 15 分鐘備用。

3

將作法 2 的檸檬糖加入雞蛋，攪拌均勻至砂糖溶解。

4

再加入牛奶拌勻。

5

續加入過篩的低筋麵粉和無鋁泡打粉拌勻成麵糊。

6

作法 5 的麵糊中，加入放涼的作法 1 液態奶油拌勻，蓋上保鮮膜冷藏一晚備用。

7

烤模內裡塗抹上奶油，撒上低
筋麵粉後倒扣，將多餘的低粉
倒出。

8

將冷藏一晚的作法 6 麵糊拌
勻，倒入擠花袋中，擠入瑪德
蓮貝殼模中約 8 分滿。

9

入烤箱以 180 度烤約 20 分鐘，
烤好倒出放涼。

糖霜

10

將糖粉加檸檬汁混拌均勻成檸
檬糖霜。

11

將烤好放涼的瑪德蓮淋上檸檬
糖霜，撒些檸檬皮屑即可。

芒果起司蛋糕

材料

全麥餅乾 ——————— 140g
無鹽奶油（液態）—— 60g
吉利丁粉 ——————— 7g
水 ——————————— 45g
奶油乳酪（室溫）—— 160g
原味優格 ——————— 130g
細砂糖 ——————— 50g
芒果泥或芒果汁 —— 80g
檸檬汁 ——————— 15g
鮮奶油 ——————— 150g
芒果丁 ——————— 200g

作法

1

將全麥餅乾用調理機打碎成粉狀（若無調理機也可以將餅乾裝入塑膠袋中，用擀麵棍或大湯匙碾碎成粉）。加入融化成液態的無鹽奶油拌勻。

2

慕斯模下方用保鮮膜包住，將作法 1 平鋪在底層並壓緊。

3

取吉利丁粉加入 45g 水攪拌均勻備用。

4

奶油乳酪加入原味優格快速攪拌均勻，再加入細砂糖拌勻。芒果泥或芒果汁與檸檬汁加入拌勻。

5
將作法 3 吸飽水的吉利丁粉
隔水加熱,邊加熱邊攪拌至液
態,加入作法 4 的奶油乳酪糊
拌勻。

6
接著將作法 5 的奶油乳酪糊過
篩。

7
將鮮奶油打至 6 分發,加入作
法 6 奶油乳酪糊中拌勻。

8
備一盆冰水,將作法 7 的奶油
乳酪糊整盆放入,隔冰水攪拌
均勻到較為濃稠。

9
加入芒果丁拌勻。倒入慕斯模內,冷藏 1 小時後取出脫模。

莓慕傳情

材料　6吋2個

蛋糕體（圍邊、夾層及底座）

蛋黃	40g
細砂糖A	10g
蛋白	80g
細砂糖B	40g
低筋麵粉	50g
糖粉	適量

覆盆子慕斯

吉利丁片	3g
覆盆子果泥	30g
冷開水	50g
細砂糖	20g
原味優格	60g
打發鮮奶油	80g
草莓（切丁）	3~4顆

裝飾

草莓	7~8顆
薄荷葉	適量
防潮糖粉	適量
蘭姆酒	10g（可不加）
鏡面果膠	適量

作法

蛋糕體（圍邊、夾層及底座）

1
將蛋黃混合細砂糖A，打發至乳白色，即成蛋黃鍋備用。

2
蛋白中分次加入細砂糖B，打發至堅挺的硬性發泡，成蛋白鍋。

3
先取蛋白鍋中三分之一的蛋白，加入作法1的蛋黃鍋中攪拌均勻。

4
將作法3加入剩餘蛋白鍋中輕柔攪拌均勻。

5

低筋麵粉過篩,加入作法 4 中用刮刀棒輕柔的混拌均勻。需注意不可攪拌過度,避免消泡。接著倒入裝有圓型花嘴的擠花袋中。

6

擠出寬度約 7~8 公分的長條及 2 片圓形螺旋狀麵糊(可用 6 吋蛋糕模底部量測大小及圍邊的長度),以攝氏 180 度烤 13~15 分鐘。此蛋糕體是用做圍邊、夾層及底座。

7

烤好出爐置涼,撒上糖粉。

覆盆子慕斯

8

先將吉利丁片用冰開水泡軟備用。

9

取覆盆子果泥及冷開水、細砂糖入湯鍋,煮沸後關火。

10

將作法 8 已軟化的吉利丁片擰乾,加入作法 9 的果泥鍋中,攪拌至吉利丁片融化,放涼。

──── Notes ────

· 覆盆子果泥可至食材行選購
現成冷凍果泥使用，可參考
品牌如 Les vergers Boiron
保虹冷凍覆盆子果泥（另有
草莓果泥可替換使用）。

· 鏡面果膠可至食材行購買。

11
作法 10 鍋中加入原味優格，
攪拌均勻。

12
續加入打發至 6 分（溼性發泡）
的鮮奶油，拌勻後加入切丁草
莓混拌均勻。

組合

裝飾

13
用剪刀將作法 7 蛋糕體修
剪成適當大小。先做圍邊，
然後置放底座的蛋糕體一
片。蛋糕內側可塗抹上蘭
姆酒。

14
倒入作法 12 的覆盆子慕斯糊，
倒一半時鋪上另一片圓形蛋糕
夾層，再繼續倒入慕斯糊。冷
藏 2 小時或冷凍 1 小時使慕斯
凝固。

15
將凝固的慕斯蛋糕取出，放上草
莓、薄荷葉，撒上防潮糖粉。也
可在草莓上塗抹鏡面果膠裝飾，
最後綁上緞帶即可。

咖啡提拉米蘇

材料 約 7 杯

餅乾體

無鹽奶油（室溫軟化）	150g
細砂糖	150g
低筋麵粉	150g
杏仁粉	150g
咖啡粉	10g
鹽	少許

醬料

水	40g
細砂糖	40g
蛋黃	4 顆
馬斯卡朋起司	500g
鮮奶油	200g
防潮可可粉	25g
草莓或櫻桃	適量

作法

餅乾體 ────────────────

1

將無鹽奶油加細砂糖攪拌（用槳狀攪拌器）至乳霜狀。

2

將過篩的低筋麵粉、杏仁粉、咖啡粉、鹽，加入作法 1 攪拌成麵團。

3

置於烤盤上，以擀麵棍擀平，入烤箱用攝氏 170 度烤 20~30 分鐘。

4

待置涼後，用手捏碎（碎度依個人需要的口感）。

醬料

5
取醬料材料中的水加入細砂糖，加熱煮至攝氏 118~120 度。同時把蛋黃攪拌打發。

6
將煮至 118~120 度的糖漿倒入正在打發的蛋黃中，攪拌至降溫約 40 度（大約和體溫相仿）備用。

7
將馬斯卡朋起司拌成乳霜狀，加入打發至 7 分的鮮奶油中輕柔拌勻。

8
將作法 6 的蛋黃鍋加入作法 7 的奶油糊中，攪拌至均勻滑順，倒入擠花袋。

組合

9
透明容器中放入一層碎餅干、一層醬料，以此類推往上堆疊。

10
最上面一層醬料用刮刀刮平，撒上一層防潮可可粉。加上草莓或櫻桃後冷藏 6 小時。若放冷凍則口感會像冰淇淋。

豹紋輕乳酪蛋糕

材料　6吋2個

牛奶	264g	蛋黃	117g
無鹽奶油	80g	蛋白（室溫）	227g
奶油乳酪	216g	細砂糖	137g
低筋麵粉	21g	深黑可可粉或竹炭粉	適量
玉米粉	35g	淺色可可粉	適量

作法

1

將牛奶與無鹽奶油入湯鍋煮沸，沖入已裝有奶油乳酪的鍋子（或鋼盆）中，以隔水加熱方式攪拌至奶油乳酪融化無結塊。

2

將低筋麵粉加玉米粉一起過篩，之後加入作法1奶油乳酪中攪拌均勻。

3

接著將蛋黃加入，攪拌均勻後過篩備用。

4
將室溫的蛋白打發，將細砂糖
分三次加入，一起拌打至溼性
發泡。

5
再將作法 4 打發的蛋白分 2~3
次加入作法 3 的蛋黃鍋中，攪
拌均勻。

6
將作法 5 的麵糊各挖出 2 小
份，一份加入深黑可可粉或竹
炭粉，另一份加入淺色可可粉
拌勻，分別倒入擠花袋中。

7
將作法 5 的麵糊倒入固定式烤
模中（底部需鋪烤焙紙）約 8
分滿。接著將作法 6 的擠花袋
各剪一小孔，擠出豹紋圖案。

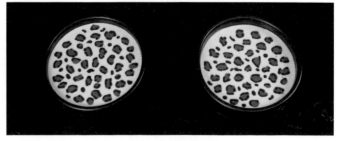

8
以水浴蒸烤的方式（烤盤放置水加冰塊蒸烤，水的高度為模具
的 1/3 高），先以上火 220 度／下火 140 度烤 15 分鐘，轉上火
170 度／下火 140 度烤 15 分鐘，接著烤箱門夾個手套（若有氣
門需打開），再續烤 40 分鐘，共需 70 分鐘，即可脫模取出。

19

純素奇異果
起司蛋糕

材料 5吋2個

蛋糕底座

綜合堅果	180g
五穀粉	30g
海鹽	少許
去籽椰棗	90g
椰子油	5g

內餡

無糖豆漿	340g
楓糖漿	100g
蔗糖	60g
海鹽	少許
寒天粉	15g
橄欖油	30g
錦豆腐	500g
腰果	300g
檸檬汁	25g

鋪面裝飾

奇異果切片	適量
鏡面果膠	適量
防潮糖粉	適量

作法

1

先將錦豆腐蒸熟，放置濾網上，以重物壓約3小時，瀝出水分後備用。

2

將腰果泡飲用水約3小時，使腰果軟化，瀝乾水分備用。

蛋糕底座

3

將綜合堅果、五穀粉、海鹽、去籽椰棗、椰子油一起放入食物調理機，打成細碎偏黏稠狀。

4

將慕斯鋼圈內放置透明圍邊，並將底部包上保鮮膜，將作法3堅果麵團平壓至底部後，冷藏備用。

內餡＋鋪面

5

接著將無糖豆漿、楓糖漿、蔗糖、海鹽一起入湯鍋，煮至糖溶解。將寒天粉分次慢慢加入，煮至溶解後再加入橄欖油煮沸，拌勻後關火備用。

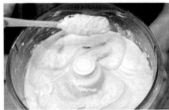

6

在食物調理機中放入瀝乾水分、剝成塊狀的錦豆腐，接著倒入軟化的腰果，再加入檸檬汁。將作法 5 寒天糖漿倒入食物調理機中攪拌至濃稠乳霜狀，降溫後放入擠花袋中。

7

將奇異果切片貼合至慕斯透明圍邊四周。

8

將作法 6 的內餡擠入填滿，以湯匙或刮刀將表面整平。

9

可將奇異果切片平鋪在頂部表面裝飾，最後表面刷上適量的鏡面果膠即完成。若表面不鋪水果切片，也可在整平後直接撒上防潮糖粉。

平安旺來鳳梨酥

材料 長方形模 50 個

酥皮

無鹽奶油（室溫軟化）	225g
無水奶油	225g
糖粉	165g
雞蛋	3 顆（約 165g）
低筋麵粉	600g
奶粉	90g
起司粉	50g
鹽	1/2 小匙（約 2.5g）

內餡

鳳梨	2000g
青蘋果	400g
水麥芽	100g
二號砂糖	150g
香草莢	1 支

作法

酥皮 ──────────────────────────

1
將軟化的無鹽奶油加無水奶油混拌均勻。

2
續加入糖粉打發至泛白。

3
將雞蛋分次加入作法 2 的奶油中，待每次蛋液充份吸收後才再加入。

4
將低筋麵粉、奶粉、起司粉和鹽一起過篩後加入作法 3，攪拌成麵團（不要過度攪拌）。用保鮮膜包好，冷藏鬆弛 30 分鐘。

5
將冷藏麵團取出切割成 5 等份，每份皆搓成長條形再分割成 10 小份（1 小份約 30g），將每 1 小份搓揉成圓。

內餡

6

將鳳梨切成小丁或絲,連同湯汁放入鍋中,加入削皮切丁的青蘋果,以中大火煮至稍微收汁。

7

加入水麥芽、二號砂糖、香草莢和香草籽拌炒至收汁濃稠狀,並煮至餡不黏手。取出香草莢後,放入冷藏降溫凝固備用。

8

取出作法 7 內餡分成 50 份(每份約 15g)搓揉成圓形,放入冰箱冷凍 15 分鐘(幫助定型好操作)。

9

將作法 5 已分割好的圓形酥皮稍微壓扁,包入作法 8 的鳳梨內餡,包搓成橢圓形,用壓模器壓入鳳梨酥模。放入烤箱以攝氏 170 度烤 15 分鐘,翻面後將鳳梨酥模拿起來,再烤 10~15 分鐘。

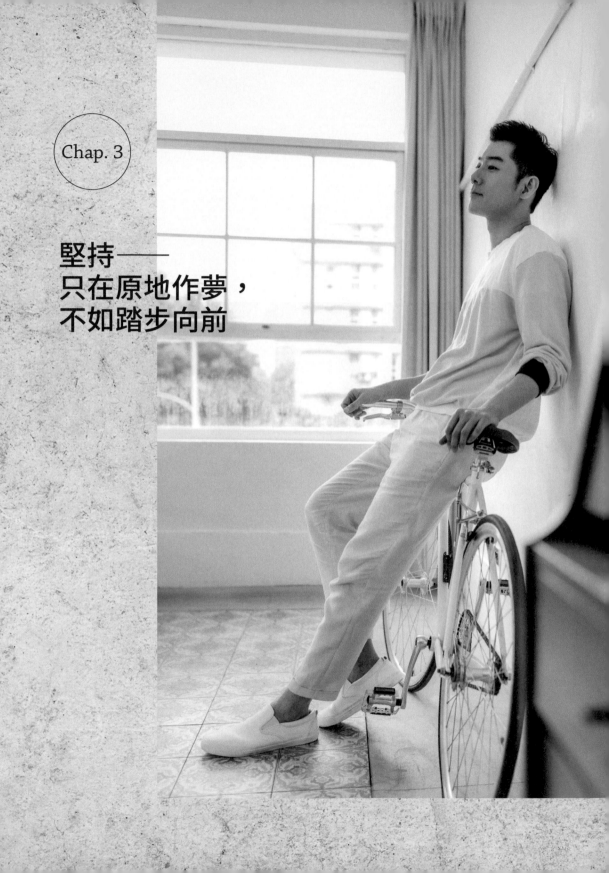

Chap. 3

堅持——
只在原地作夢，
不如踏步向前

　　對我來說，成功其實沒有什麼捷徑，就只有不斷的練習與嘗試，還有最重要的是「堅持」。

　　從暫別演藝工作那兩年直到現在，我始終相信這樣的態度，是成就我不同人生的關鍵。

遇到挫折也要堅持下去

　　會讓我覺得烘焙可以成為一份工作，是從網路接單開始。我在演藝工作暫停那段時間，常會在網路社群和粉絲與朋友們分享製作成果，大家給我的回饋很熱情，不少人私訊問我能否訂購。基於大家的肯定，於是我決定從牛軋糖試起。起初先開放限量 50 包，沒想到是秒殺的狀況，最後還追加到 100 包。不過，我當時對大量製作甜點沒什麼概念與經驗，又堅持一切都要親手製作，最後我一個人切牛軋糖切到手臂肌腱發炎，到現在都還對牛軋糖有一點心理陰影。

　　雖然如此，我依然持續研發或創作不同甜點，也沒有放棄做牛軋糖（嗯，但

不能一次做太多），後來甚至成立了「樂芙依」網路商店，以馬卡龍為主力商品，偶爾搭配一些我自己研發的新口味甜點。就這樣，甜點真的成為我的新事業與新方向。

好在當時的我沒有因為一開始的挫折或辛苦就卻步。在那只能專注做甜點的兩年間，我期望將烘焙的能力提升到足以讓我生活無虞，成為真正屬於自己的生活技能。為了讓家人與朋友安心，也希望大家相信我可以做到，我加倍堅持走在這條路上，並且認真做出成果。

只要有心，就能破除萬難

　　在開店的過程中，也有特別的小故事。

　　法式甜點為了顏色漂亮，裡面不免會添加一些可食用人工色素，對人體來說只要不過量是無害的。有一次，我的樂芙依粉絲團收到一位媽媽的私訊，她說很想讓孩子吃馬卡龍，但孩子有過動症，在飲食中必須避開某些人工色素，她想知道我的馬卡龍中是否有用到這些原料。

　　這位媽媽的提問反倒讓我思考，或許我應該創作出一些只用天然食材來顯色的馬卡龍，讓我的甜點讓人吃得更安心。

　　我做了許多嘗試與實驗，總算找到一些合適的天然食材粉，確定能夠顯色漂亮後，開發出一個新的「甜心」系列馬卡龍，而這名稱也是為了回應那位媽媽愛孩子的心。

　　不過，天然食材粉的顯色穩定度不夠，讓我第一次出單時吃足苦頭。我在製作好第一批甜心馬卡龍時發現，新訂購的天然食材粉做不出原來的顏色，為了表示歉意，我在粉絲團上向大家說明，並懇請顧客原諒，也很感謝當時大家的體諒。之後我再經歷一輪不斷的實驗與試作，終於找出保住顏色的關鍵，才讓這個系列恢復出貨，甚至後來成為我最具特色的商品之一。

　　那時的我，大可以遇到挫折就選擇放棄，回到原本的作法，但是我不讓自己被困難打敗，並且憑著「堅持」繼續下去。

用有限的時間，成就最大的事

想到有些朋友在我剛開始學烘焙時，曾說想跟我一起去學。當時我決心要做這件事，不管三七二十一就去報名課程。過了幾年，我考上證照；再過幾年，我當了甜點老師開課教學，甚至現在還出書。但原先說要和我一起去學的朋友們，還在那個原點，沒有真的跨出一步。

許多人也是這樣，常抱怨自己的時間不夠用。我想到自己當時可以運用的時間似乎也沒有比誰多。我曾經必須同時兼顧上課與拍戲，每天五點多起床去工作，到凌晨才回家，隔天繼續這樣的生活，但是我把握中間僅有的一點零星時間去上課，並在家練習實作。我因此也更懂得珍惜那一點點的時間，把握僅有的一切學到會。

從學做甜點這件事，我體悟到「要做有效率的事」，不該把時間都拿來抱怨或當作原地踏步的藉口。

追求夢想的路上儘管充滿荊棘與坎坷，但是會比你停留在原地更加接近幸福。如果你只是佇足遙望著夢想，或是走著走著遇到痛苦就停下腳步，而那個你夢想中的幸福，要何時才能觸碰到呢？

透過我的這些經歷，想與大家分享的是：堅持住，才會有結果。

還有，不論做任何事，如果裏足不前，只會離幸福更遙遠。

Recipe

21

熔岩巧克力蛋糕

材料　直徑 6cm 慕斯模 3 個

黑巧克力	100g
無鹽奶油	90g
雞蛋	2 顆
蛋黃	2 個
糖粉	100g
可可粉	25g
低筋麵粉	30g

作法

1
將黑巧克力與無鹽奶油一起微波加熱融化成液態。

2
將雞蛋、蛋黃、糖粉一起攪拌均勻。

3
將作法 1 的巧克力倒入作法 2 中拌勻。

4
將可可粉加上低筋麵粉過篩，倒入作法 3 中拌勻。

5
準備有高度、直徑 6cm 的慕斯模，在底部及圍邊鋪上烤焙紙。將作法 4 的麵糊倒入慕斯模 7 分滿，入冰箱冷凍 5~7 分鐘（至搖晃巧克力麵糊不會流動），再放入烤箱以 190 度烤 15~17 分鐘。

6
烤到結皮且中心有點水水的狀態後出爐，馬上脫模（因金屬模會導熱，需盡快脫模）。

莓果蜂蜜熱蛋糕

材料 　直徑 15cm 的慕斯圈 2 個

蛋黃	2 個
蜂蜜	15g
海鹽	2g
鮮奶	120g
無鹽奶油（液態）	40g
低筋麵粉	130g
無鋁泡打粉	2g
蛋白	2 個
細砂糖	10g
莓果醬	適量

作法

1
將蛋黃、蜂蜜和海鹽
一起拌勻。

2
加入鮮奶和加熱至液
態的無鹽奶油拌勻。

3

接著加入過篩的低筋麵粉和泡打粉，拌勻成糊狀且沒結塊的麵糊，先置一旁備用。

4

取蛋白 2 個加入細砂糖，打發成溼性蛋白霜。

5

將作法 4 的蛋白霜分次加入作法 3 的麵糊中拌勻。

6

取平底鍋，用小火熱鍋並放上慕斯圈。取剩下的奶油塗抹慕斯圈底層避免燒焦，並倒入適量的作法 5 麵糊。

7

使用鍋蓋或耐熱鐵盤蓋住，小火煎 12~15 分鐘，翻面後再煎 10 分鐘。

8

關火脫模，盛盤並淋上莓果醬即完成。

婚禮杯子蛋糕

材料　約 20 個

蛋糕體

無鹽奶油（室溫軟化）── 220g

細砂糖 ──────── 200g

雞蛋 ──────── 4 顆

低筋麵粉 ─────── 320g

可可粉 ──────── 25g

無鋁泡打粉 ────── 6g

鮮奶 ──────── 250 ml

擠花醬料

奶油乳酪（室溫軟化）── 250g

無鹽奶油（室溫軟化）── 50g

糖粉 ──────── 100g

作法

蛋糕體

1

將無鹽奶油加入細砂糖（分三次加入）攪拌至乳霜狀。

2

將蛋分次加入作法 1 奶油中攪拌至完全吸收。

3

將低筋麵粉、可可粉與泡打粉過篩。

4

將作法 3 的粉類和牛奶分次交錯加入作法 2 中攪拌。

5

烤盤放上耐烤蛋糕紙杯，將作法 4 麵糊倒入杯中約 8 分滿，入烤箱以攝氏 170 度烤 20~25 分鐘，出爐置涼。

擠花醬料

6

將奶油乳酪加上無鹽奶油，與過篩後的糖粉一起慢慢攪拌均勻，呈乳霜狀後放入裝有花型擠花嘴的擠花袋中。

7

在杯子蛋糕上擠花裝飾，撒上糖珠點綴。

Recipe

24

抹茶戚風蛋糕

材料　6吋2個

蛋黃麵糊

蛋黃 ─────── 5個
細砂糖 ────── 40g
水 ──────── 60g
沙拉油 ────── 60g
抹茶粉 ────── 8g
低筋麵粉 ───── 100g

蛋白麵糊

蛋白 ─────── 5個
細砂糖 ────── 100g

裝飾

鮮奶油 ───── 適量
抹茶粉 ───── 適量

作法

蛋黃麵糊

1
將蛋黃與細砂糖加入盆中，拌勻至糖溶解。

2
再依序加入水與沙拉油，攪拌均勻。

3
低筋麵粉與抹茶粉過篩後，加入作法2中拌勻。

蛋白麵糊

4
將蛋白倒入攪拌機中打發，細
砂糖分次加入。

5
將作法 4 打發至溼性發泡。

6
將 1/3 的作法 5 蛋白，加入作
法 3 的抹茶蛋黃麵糊中，攪拌
均勻。

7
將作法 6 再整個倒回作法 5 的
蛋白鍋中，以切拌的方式拌勻
（需小心拌過頭會消泡）。

8
將作法 7 倒入戚風蛋糕模中，
以攝氏 180 度烤 50 分鐘。

9
出爐後倒扣置涼，脫模後可加
適量打至 5 分發鮮奶油並撒上
抹茶粉做裝飾。

老奶奶檸檬蛋糕

材料　6吋2個

蛋糕體

檸檬皮 ———— 1 顆

細砂糖 ———— 180g

雞蛋 ———— 293g（約 5 顆）

檸檬汁 ———— 13g

低筋麵粉 ———— 240g

無鹽奶油 ———— 67g

鮮奶油 ———— 67g

檸檬糖霜

糖粉 ———— 250g

檸檬汁 ———— 50g

作法

蛋糕體

1

將檸檬綠色表皮先刮削成碎屑，與細砂糖混合搓揉成檸檬糖，靜置 15 分鐘。

2

取雞蛋 5 顆，加入作法 1 的檸檬糖，隔水加熱至攝氏 40 度。

3

將作法 2 雞蛋打發成絲綢狀，即滴落時紋路不會馬上消失。接著倒入檸檬汁攪拌均勻。

4

將低筋麵粉過篩，分次加入作
法 3 中拌勻。

5

將無鹽奶油與鮮奶油一起微波
或煮至融化，降溫至 50 度以
下，加入作法 4 中拌勻。

6

將作法 5 倒入鋪好烤焙紙的模
具中，以 180 度烤 30 分鐘。

檸檬糖霜

7

將檸檬汁 50g 倒入糖粉中混拌
均勻。

8

將已置涼的蛋糕倒過來放，去除周圍及底部的烤焙紙，淋上
檸檬糖霜，再撒上檸檬皮即可。

玫瑰蘋果紅茶戚風蛋糕

材料 6 吋 1 個

蛋糕體

無鹽奶油	30g	玉米粉	20g
沙拉油	30g	蛋黃	7 個
水	30g	蛋白	7 個
紅茶粉	5g	檸檬汁	少許
低筋麵粉	80g	細砂糖	90g

蘋果醬

青蘋果	30g
紅蘋果	30g
細砂糖	50g
檸檬汁	半個
玫瑰花瓣	適量

—— Notes ——

紅茶粉可至超市、食
品原料行或烘焙用品
材料行購買。

作法

蛋糕體

1

將無鹽奶油、沙拉油、水一起入鍋
煮沸。

2

將紅茶粉加入拌勻，等待稍微降溫。

3

將過篩的低筋麵粉和玉米粉加入作
法 2 中，拌勻成類似麵團的麵糊，
倒入另一盆中。

4

將蛋黃分次加入作法 3 的麵糊中，
拌勻成蛋黃鍋備用。

5

蛋白中加入少許檸檬汁打發，將細
砂糖分三次加入，續打至溼性發泡。

6

取作法 5 的打發蛋白 1/3，加入作法 4 的蛋黃鍋內拌勻，再倒回作法 5 蛋白鍋內，以切拌方式拌勻（輕柔拌勻，避免消泡）。

7

倒入戚風烤模中，以攝氏 180 度烤 30~35 分鐘。烤好後需倒扣，置涼完成後脫模。

蘋果醬

8

青蘋果與紅蘋果去皮切丁。加入細砂糖與檸檬汁，煮至濃稠收汁後以濾網過濾。

9

將蘋果醬淋在作法 7 烤好置涼的蛋糕上，撒上玫瑰花瓣即可。

濃情巧克力蛋糕

材料	6吋1個

蛋糕體

無鹽奶油（室溫軟化）	200g
細砂糖	100g
低筋麵粉	140g
可可粉	60g
無鋁泡打粉	10g
鹽	少許
雞蛋	4 顆

巧克力鮮奶油（夾層及四周）

苦甜巧克力	100g
鮮奶油	250g

裝飾

捲心酥	適量
水果（草莓、藍莓、櫻桃等）	適量
裝飾緞帶	

作法

蛋糕體

1

將無鹽奶油、細砂糖用桌上攪拌機的槳狀攪拌棒，攪拌至乳霜狀。

2

將低筋麵粉、可可粉、泡打粉過篩後，加鹽拌勻。

3

將作法 2 其中一半粉類加入作法 1 的奶油中攪拌均勻。

4

加入雞蛋 2 顆拌勻後，再加入另一半作法 2 的粉類拌勻，接著再加入剩下的 2 顆雞蛋拌勻。

5

倒入模具中（使用活動模，烤焙紙圍邊與底）約 7~8 分滿，以攝氏 180 度烤 30~40 分鐘。

巧克力鮮奶油 ————————————————

6
將苦甜巧克力微波或加熱成液態，放置冷卻。

7
鮮奶油打發至 6~7 分發，加入作法 6 的液態巧克力拌勻。

組合 ————————————————

8
將蛋糕頂部凸起處切平後，將蛋糕切半，中間塗抹作法 7 的巧克力鮮奶油。

9
放上切半的草莓，然後再塗抹一層巧克力鮮奶油，再將另一半蛋糕體蓋上。

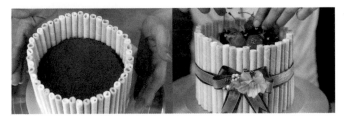

10
在蛋糕周圍先塗抹一層作法 7 的巧克力鮮奶油後，將捲心酥沿著周圍排列一圈，接著綁上裝飾緞帶，再將水果置蛋糕頂部即可。

———— Notes ————
如果怕捲心酥受潮軟化，可先將捲心酥裹上一層巧克力，或直接購買已裹巧克力的捲心酥或巧克力棒。

Recipe

28

生乳蛋糕卷

材料 烤盤約 32cm×43cm×3cm

蛋糕體

蛋黃	150g
細砂糖 A	60g
蛋白	190g
細砂糖 B	90g
低筋麵粉	100g
沙拉油	45g

內餡

鮮奶油	400g
細砂糖	40g

蛋糕體

1

蛋黃加細砂糖 A，隔水加熱至
40 度，攪拌打至泛白後備用。

2

將蛋白打發，細砂糖 B 分三次
加入，打至溼性發泡（蛋白勾
起狀）。

3
將作法 2 的打發蛋白,先取約
1/3 至作法 1 的蛋黃鍋中攪拌
均勻。

4
將作法 3 蛋黃鍋再全部加回作
法 2 的蛋白鍋中,以切拌方式
輕柔拌勻。

5
低筋麵粉過篩後加入拌勻。

6
挖 1 匙作法 5 的麵糊,加入沙
拉油中拌勻,再倒回麵糊盆中
攪拌均勻。

7
烤盤鋪上烤焙紙,倒入麵糊後
用刮刀板抹平。

8
放入烤箱,以 180 度烤 18~20
分鐘。取出後將蛋糕體放置涼
架上,將四周邊紙撕開置涼。

蛋糕體

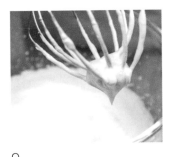

9

鮮奶油中加入 40g 細砂糖，用攪拌機打至 6~7 分發。

10

蛋糕置涼完成後，表面鋪一層烤焙紙後翻面，撕去底部烤焙紙。

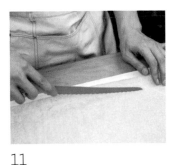

11

在靠自己身體內側的蛋糕體上輕輕劃出三條淺刀痕，以方便捲起。

12

將整片蛋糕塗抹上作法 9 的打發鮮奶油。

13

用長擀麵棍墊在紙下，捲起蛋糕卷。

14

捲好後，將蛋糕卷兩側紙捲起固定，冷藏至凝固定型即可。

Recipe
29
抹茶綠光點點蛋糕卷

材料 　烤盤約 32cm×43cm×3cm

蛋糕體

蛋黃	10 個（約 200g）
植物油	80g
牛奶	130g
鹽	4g
低筋麵粉	170g
蛋白	10 個（約 400g）
檸檬汁	適量
細砂糖	100g
抹茶粉	3g

抹茶鮮奶油

鮮奶油	400g
抹茶粉	5g
糖粉	40g

作法

蛋糕體

1

將蛋黃、植物油、牛奶、鹽混合，用打蛋器攪拌均勻。

2

低筋麵粉過篩，加入作法 1 中攪拌均勻備用。

3

在蛋白中加入一點點檸檬汁，細砂糖分三次加入，攪打至溼性發泡。

4
將打發的作法 3 蛋白取 1/3，
加入作法 2 的蛋黃麵糊中攪拌
均勻，再全部加回作法 3 的蛋
白鍋內拌勻。

5
取作法 4 麵糊約 90g，與抹茶
粉混拌均勻後，放入裝有圓形
小孔花嘴的擠花袋中。

6
接著將作法 5 擠入鋪好烤焙紙
的烤盤中，擠出不同大小的圓
點後，放入烤箱以攝氏 170 度
烤約 2 分鐘取出，讓圓點凝固。

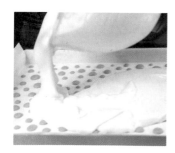

7
將作法 4 剩餘的麵糊倒入作法
6 的烤盤，表面用刮刀板鋪平
後，以攝氏 170 度烤 18~20 分
鐘。

8
烤好後將蛋糕拖出烤盤放於置
涼架上，將四邊烤焙紙撕開等
待置涼。

9
等待置涼的同時，在冰的鮮奶
油中加入抹茶粉和糖粉，打發
至溼性發泡。

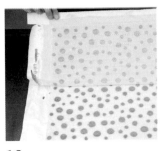

10
將置涼完成的蛋糕體用一張烤
焙紙覆蓋後翻面，將有點點那
面的烤焙紙撕去，再翻回另一
面。

11
在靠自己身體內側的蛋糕體
上，輕劃出三條刀痕，以方便
捲起。將作法9抹茶鮮奶油
平均抹在沒有點點那面蛋糕體
上。

12
用長擀麵棍墊在紙下，捲起蛋
糕卷。

13
捲好後，將蛋糕卷兩側紙捲起固定，冷藏至凝固定型即可。

Recipe
30 ● 玫瑰莓果母親節蛋糕

材料 6吋2個

蛋糕體

牛奶 —————— 102g

沙拉油 ————— 83g

可可粉 ————— 30g

低筋麵粉 ———— 90g

玉米粉 ————— 23g

蛋黃 —————— 135g（約8個）

蘭姆酒 ————— 8g

蛋白 —————— 285g（約8個）

細砂糖 ————— 102g

檸檬汁 ————— 適量

莓果鮮奶油

鮮奶油 ————— 1000ml

糖粉 —————— 85g

寒天粉 ————— 8g

覆盆子粉 ———— 3g

甜菜根粉 ———— 3g

覆盆子果醬 —— 適量

裝飾

糖珠 —————— 適量

作法

蛋糕體 ———————————————————

1

在牛奶中加入沙拉油，煮至有
油紋冒小泡。

2

將可可粉、低筋麵粉、玉米粉
過篩,加入作法 1 中攪拌成麵
團。

3

加入蛋黃攪拌均勻。

4

加入蘭姆酒攪拌均勻備用。

5

將蛋白加入一點檸檬汁打發,
細砂糖分次加入,打至溼性發
泡。

6

取作法 5 打發蛋白的 1/3,加
入作法 4 的蛋黃可可麵糊中,
拌勻後再倒回作法 5 的蛋白鍋
中,以切拌的方式拌勻。

7

將蛋糕麵糊倒入 6 吋模具中,
入烤箱以攝氏 160 度烤 35~40
分鐘。

莓果鮮奶油

8

在鮮奶油中加入糖粉、寒天粉、覆盆子粉、甜菜根粉，一起打發至溼性發泡。

9

取作法 8 打發鮮奶油的一部分，和覆盆子果醬混拌均勻後，冷藏備用（做夾餡使用）。

10

其餘的作法 8 鮮奶油繼續打發，至硬性發泡程度（即用攪拌器舀起時，尖角不會下垂的硬挺度），倒入裝有花型擠花嘴的擠花袋中冷藏備用。

組合裝飾

11

將作法 7 的蛋糕體脫模後，對半均分切成上下兩片。

12

取下面那片蛋糕體，上方塗抹一層作法 9 的覆盆子果醬鮮奶油，再蓋上另一半蛋糕體。

13

外圍先塗抹些作法 10 的鮮奶油（讓擠花有附著力），再開始擠花。最後可撒上糖珠裝飾。

Chap. 4

創造──
開開心心揮灑想像力

喜歡學習的人，

會讓自己的心境保持年輕與活力，

整個人就充滿了動力。

　　與甜點相處的這些年來，我發現甜點不僅讓我學會療癒自己，也讓我得以發揮自己那無邊的想像力。

　　我在學會一個技能後，往往會想做出有個人代表性的作品，甜點當然不例外。從會做甜點開始，每次製作前我都會思考各種可能性，並且嘗試新的想法。

　　甜點成就了一個我的創作舞台，讓我有空間不斷發揮我的創造力，也因此獲得更多正能量。

學習是最好的保養品

　　我常常會思考甜點可以有什麼新的玩法？如何在經典的甜點中做一些變化，無論是外觀上或口味上，我想要創作出屬於我個人風格的甜點。

　　比方說在手作牛軋糖還不流行時，我就嘗試過在其中加夏威夷豆、蔓越莓乾，還有玫瑰花，我覺得這樣可以讓牛軋糖吃起來口感更豐富。當時還沒看過有人這樣玩牛軋糖，沒想到這些口味的牛軋糖，之後竟然成為網路團購很受歡迎的點心名品。

　　很多人問我這源源不絕的想像從何而來？

　　我上課時常常對學生說：「學習是最好的保養品。」因為當你擁有好奇心，自然在學習上能有更好的吸收與獲得，可以讓腦袋隨時處於靈活的狀態。學習還能讓人打開視野，創意與靈感往往會從所見所聞中偶然萌發。

　　喜歡學習的人，會讓自己的心境保持年輕與活力，整個人就充滿了動力。

越忙越需要做甜點

　　覺得有點辛苦有點累的時候，我就會想做一件讓自己既開心又療癒的事。

　　我很享受在深夜一個人做甜點的感覺，這是專屬我的「深夜烘焙坊」。在這樣獨處的過程中，我可以自在面對自己的喜怒哀樂，可以更深入了解自己是個怎樣的人。在這個時刻，我必須面對的只有自己，那個最真實的我。

　　在製作甜點時如果遭遇挫折或失誤，我也更能意識到自己的真實反應與情緒。我可以用甜點來轉化自己白天累積的負面能量，並提醒自己做甜點的時候要保持愉悅的心情。要有愛，做出來的甜點才不容易失敗。

　　甜點真的是忙碌生活中很好的調劑品。很建議大家在忙碌工作中，挪出一點週末的空閒時間，專心做或學一道甜點。當你為了做好甜點而專注其中，情緒也會跟著穩定下來。如果此時又做出一道美味與美觀兼具的甜點，一定能為你帶來滿滿成就感，幫助你重新灌注能量。

先有基礎，創意更能發揮

我常鼓勵甜點課的學生，除了要體驗甜點帶來的療癒力量，也可以從中嘗試創意的發揮。

我自己在每次規劃課程時，習慣依照當時的時間點和心境來決定要教做什麼甜點。在這項甜點中，我也會加一些自己的創意在裡面，讓學生不只學到技術，也學到發揮想像力的方式。

比方說，如果我製作的甜點是要送給某人的禮物，我就會依據送禮的對象給我的感覺來設計甜點的口味或裝飾方法。

有時候，我會思考將不同食材組合在一起的可能，並試做看看能否搭配出不同的風味。

比方說這次書中收錄的「香蕉你個芭樂果醬」，就是想到我們小時候常因好玩就亂罵人「香蕉你個芭樂」，長大後的我反倒很好奇這兩種東西加在一起是什麼滋味。沒想到做成果醬的風味很不錯，還讓我發現一定要用紅心芭樂才能更添美味。

但要提醒想做創意甜點的人，在創意得以發展之前，一定要記得先練好基本功，熟練好甜點製作的技巧。有了基本實力，才能更無限制的發揮創造力。沒有練好基礎，就很容易在嘗試的過程中吃盡失敗的苦頭。如果因此喪失對甜點的喜愛，那實在是太可惜了。

Recipe

31

伯爵奶茶布丁

材料 16 個	
蜂蜜	180g
牛奶	500g
鮮奶油	500g
細砂糖	80g
伯爵茶包	20g
蛋黃	10 顆（約 180g~200g）

作法

1
將蜂蜜倒入湯鍋中開火加熱，邊煮邊攪拌至焦糖化，倒入適量於模具底部。

2
牛奶中加入鮮奶油和細砂糖，煮至沸騰。加入伯爵茶包後續煮 1 分鐘，關火悶 10 分鐘。

3
將蛋黃打散，一邊攪拌一邊將作法 2 的奶茶倒入，拌勻成布丁液。

4
用保鮮膜或廚房用紙巾先貼緊布丁液的表面，再拉起，以去除表面氣泡。

5
將布丁液過篩，倒入已裝了作法 1 焦糖的模具中。

6
在烤盤內倒入熱水，超過模具的 1/3 高，以水浴方式蒸烤，以 180 度烤 35~40 分鐘。蒸烤好置涼，冷藏 1 小時方便脫模。

丹麥杏仁布丁

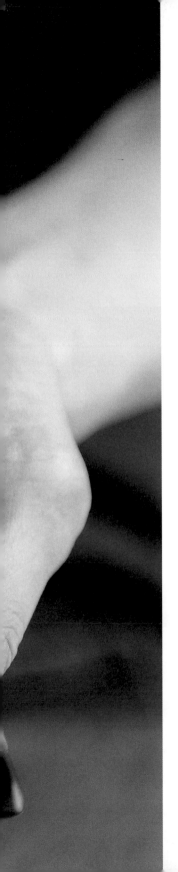

材料	約 6 個

牛奶	500g
細砂糖	85g
杏仁粉	150g
吉利丁片	15g
鮮奶油	250g

作法

1
吉利丁片用冰水泡軟備用。

2
將牛奶和細砂糖放入湯鍋，中火煮沸至糖融化。離火後加入杏仁粉，拌勻後用鍋蓋蓋住悶 5~10 分鐘，讓牛奶充份吸取杏仁香氣。

3

將作法 2 過篩，篩出杏仁粉渣不用。

4

作法 3 的牛奶杏仁液再繼續加熱至小滾，離火後將泡水軟化的吉利丁片擰乾，加入攪拌至融化。

5

將作法 4 隔冰水冷卻至牛奶杏仁液較濃稠（可稍停留在刮刀上的程度）。

6

將鮮奶油打發至接近溼性發泡後，倒入作法 5 混拌均勻。

7

將混拌好的作法 6 倒入量杯，再倒入模具中冰 4 個小時至凝固。

8

用熱毛巾包覆模具，以方便脫模。

舒芙蕾

材料 2 個

蛋黃	——————	6 顆
低筋麵粉	——————	40g
牛奶	——————	145g
無鹽奶油	——————	20g
香草莢	——————	1/2 支
蛋白	——————	4 顆
細砂糖	——————	40g
果醬	——————	適量

作法

1

將蛋黃用打蛋器打散。

2

將過篩的低筋麵粉加入作法 1
蛋黃中拌勻。

3

煮鍋中放入牛奶、無鹽奶油與
香草莢中刮出的香草籽，煮滾
後關火。

4

將作法 3 牛奶倒入作法 2 中，
邊倒邊攪拌。

5

拌勻後倒回煮鍋中，回煮至濃
稠後過篩，用保鮮膜貼緊，放
涼備用。

6

將 4 顆蛋白打發，細砂糖分 3
次加入，打至溼性發泡（呈鳥
嘴狀）。

7

將作法 5 放涼備用的卡士達醬用刮刀棒或均質機拌勻（如果凝固的話）。

8

將作法 6 的打發蛋白分 2~3 次加入作法 7 中拌勻。

9

準備直角器皿，用刷子沾奶油將器皿內垂直、同方向上下刷，倒入砂糖讓器皿內都沾到糖，將多餘的糖倒出。

10

將作法 8 麵糊加入器皿中，以刮刀刮平表面，用大拇指刮器皿上緣一圈。

11

烤盤內倒入熱水，以水浴法蒸烤，烤箱設定攝氏 180 度 25 分鐘。

Recipe

34

焦糖烤布蕾

材料 4 個

蛋黃 ————————	2 顆
糖粉 ————————	20g
鮮奶油 ———————	250g
香草莢 ———————	1/4 支
裝飾用砂糖 —————	適量

作法

1

將蛋黃與糖粉一起攪拌至乳白色，至糖溶解。

2

鮮奶油入鍋，香草莢刮出香草籽放入，開爐火加熱至冒小泡（不用到沸騰）。

3

將作法 2 鮮奶油慢慢倒入作法 1 蛋黃中，且攪拌均勻，接著過篩。

4

倒入布丁瓷碗中約 8~9 分滿。

5

將碗放在深烤盤中，深烤盤內倒入熱水（約至碗一半高度），以攝氏 160 度蒸烤約 20~30 分鐘。蒸烤好取出搖晃不會水水的即可，放冷藏 1 小時。

6

從冰箱取出後，表面撒上一層白砂糖（多餘的糖倒出），用噴火槍噴燒至焦糖色即可。

約克夏布丁麵包

材料　約 12 個

雞蛋	3 個
低筋麵粉	120g
牛奶	160ml
無鹽奶油	適量
培根（可改素培根）	1 片

調味料

起司粉	適量
紅椒粉	適量
鹽	適量
胡椒粉	適量

作法

1

雞蛋放入盆中，加入過篩的低
筋麵粉，用打蛋器拌勻。

作法

2
牛奶分次加入作法 1 中，並慢慢拌勻。

3
將調味料中的起司粉、紅椒粉與鹽適量加入作法 2 麵糊中拌勻，靜置 20 分鐘。

4
適量無鹽奶油放入模具中，用烤箱烤 3~5 分鐘至呈現液態。

5
將作法 3 麵糊倒入量杯中，再倒入模具中約 5 分滿。

6
在作法 5 麵糊中加入切丁的培根。

7
入烤箱，以 200 度烤 20 分鐘即可。

Recipe

36

暖心酸甜蘋果派

材料　6吋1個

派皮
中筋麵粉 ──────── 360g
糖粉 ──────── 15g
鹽 ──────── 2.5g
無鹽奶油（冰的）──── 150g
蛋白 ──────── 40g
白醋（可用檸檬汁替代）── 7.5g
冷開水 ──────── 30g

內餡
紅蘋果 ──── 5 顆
青蘋果 ──── 1 顆
無鹽奶油 ──── 25g
細砂糖 ──── 75g
檸檬汁 ──── 8g
海鹽 ──── 0.5g
肉桂粉 ──── 2g

裝飾
全蛋液 ──── 0.5~1 顆

作法

派皮

1
將中筋麵粉加糖粉、鹽，過篩拌勻。

2
將冰的無鹽奶油切成小丁，放入作法 1 中，用手搓揉至粗顆粒狀。

3
將蛋白、白醋與冷開水混合拌勻，倒入作法 2 中拌成麵團，若太乾可再加點水操作，用保鮮膜包好，冷藏 2 小時備用。

內餡

4　將紅蘋果與青蘋果去皮、去核及切片（不要切太薄）放入鹽水中（防止蘋果氧化變色）備用。

5
無鹽奶油入鍋，以中火加熱至融化。

6
加入作法 4 的蘋果瀝乾，接著將細砂糖、檸檬汁、海鹽、肉桂粉加入拌炒約 15~20 分鐘至汁收乾一些。拌炒好收汁的蘋果撈出，置涼備用。

7
將作法 3 的麵團均分成兩份，一份做蘋果派的底座，另一份則是派的上蓋。

8
將派皮麵團擀好，底座用的這份鋪上派模。

9
將拌炒好置涼的蘋果餡料填入作法 8 中。

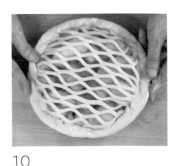

10
再將擀好的上派皮鋪上，上下派皮連接處用手指捏緊貼合。在表面塗上全蛋液後放入烤箱，以 190 度烤 35~40 分鐘。

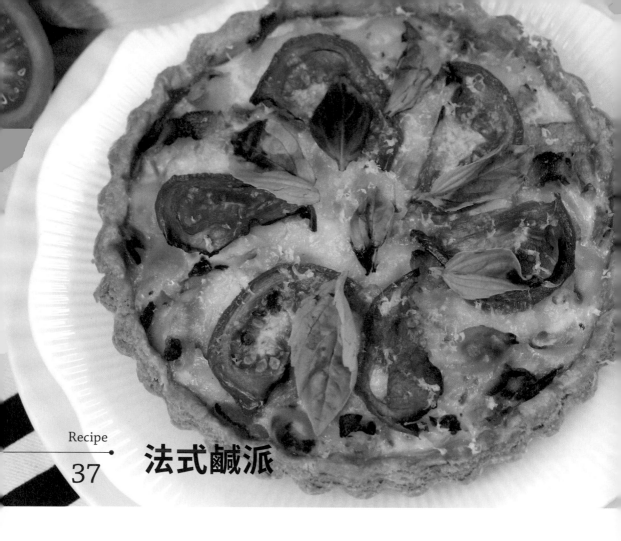

法式鹹派

材料 6吋2個

塔皮

低筋麵粉	300g
鹽	3g
蛋黃	2個
水	60g
無鹽奶油	150g

蛋奶液

雞蛋	2個
牛奶	100g
鮮奶油	100g
鹽	3g
黑胡椒	適量

內餡

橄欖油	適量
大蒜	2瓣
洋蔥	1/2個
蘑菇（切片）	4個
培根	3條
貝殼麵（煮熟）	50g
番茄糊	適量
瑪茲瑞拉起司	1包
番茄	1個
帕瑪森起司	適量
羅勒	適量

作法

1
用攪拌機將塔皮材料（低筋麵粉、鹽、蛋黃、水、無鹽奶油）一起攪拌均勻成團，用保鮮膜包好冷藏一晚成為塔皮備用。

2
將奶蛋液材料（全蛋、牛奶、鮮奶油、鹽、黑胡椒）一起用打蛋器攪拌均勻，取保鮮膜蓋好，冷藏一晚備用。

3
橄欖油倒入炒鍋加熱，大蒜入鍋炒香，加入洋蔥炒至透明，續加入蘑菇和培根炒熟。最後放入煮熟的貝殼麵拌炒，放涼成為內餡備用。

4
將作法 1 的塔皮取出，以擀麵棍擀成大於塔模的尺寸，厚約 0.3~0.5 公分。鋪入塔模，去除多餘塔皮，在塔皮上用叉子戳洞。鋪上烘焙紙後再鋪上塔石（避免塔皮烘烤時膨脹，也可用米或豆子代替），入烤箱以 180 度烤 10 分鐘，取出塔石再續烤 10 分鐘。

5
將作法 4 塔皮內塗抹番茄糊，鋪上炒好的作法 3 內餡。倒入作法 2 蛋奶液後，鋪上瑪茲瑞拉起司與番茄切片，以 180 度烤 25 分鐘。

6
烤好趁熱刨上帕瑪森起司，並放上羅勒葉即可。

四季水果鬆餅捲

材料 2~3 捲

雞蛋	1 個	奇異果	1 顆
牛奶	80g	草莓	3-4 顆
鬆餅粉	100g	鮮奶油	50g
香蕉	1 根		

作法

1

將雞蛋入攪拌盆，加上牛奶和鬆餅粉拌勻。

2

平底鍋內刷些奶油加熱，將作法 1 麵糊取 1 勺匙置於平底鍋中心。

3

拿起鍋子左右繞圓，將麵糊攤平，煎至表面出現小孔洞即成鬆餅。

4

將香蕉、奇異果、草莓等水果切片。

5

鮮奶油打發後，擠在鬆餅上，鋪上三種水果，捲起後用保鮮膜包好，冷藏定型即可。

櫻花水信玄餅

材料 8個

鹽漬櫻花———————— 8個
水信玄餅寒天粉———————— 30g
微粒子精製白糖粉———————— 100g
熱開水———————— 800g

—— Notes ——
水信玄餅寒天粉與微粒子
精製白糖粉可至日本烘焙
用品材料專賣店購買，部
分食品原料行或有售。

作法

1
將鹽漬櫻花用開水浸泡去鹽，用廚房
紙巾瀝乾備用。

2
將水信玄餅寒天粉與微粒子精製白糖
粉混拌均勻，倒入熱開水煮至小滾，
接著攪拌至溶解後，倒入模具中。

3
將作法1瀝乾的櫻花放入模具後蓋起，
入冰箱冷藏至凝固。

香蕉你個芭樂果醬

材料

香蕉	700g
紅心芭樂	900g
細砂糖	750g
檸檬汁	約 1.5 顆

──────── Notes ────────

· 想要確認果醬煮的濃稠度是否足夠，可以用以下幾種方法檢驗看看：
1. 用矽膠刮刀劃過果醬不會馬上合起。
2. 撈一滴在鐵盤上不會很快滴落而是緩緩滑落。
3. 準備一杯冷開水，滴入的果醬不會馬上散開。

作法

1
將果醬瓶及蓋子用水煮至 100 度沸騰消毒殺菌，自然風乾或是用烤箱以攝氏 100 度將瓶子烤乾備用。

2
香蕉切片，紅心芭樂切丁。

3
在作法 2 香蕉芭樂中加入細砂糖和檸檬汁，攪拌均勻。

4
用保鮮膜封好，置冰箱冷藏一個晚上讓水果出水。

5
冷藏一晚後的水果攪拌一下入鍋。先用大火煮至 103 度，再轉小火繼續熬煮，熬煮時記得要不時攪拌以防燒焦，但若想保有果粒的口感，不可攪拌太大力。煮至濃稠即可。

6
將剛煮好的熱騰騰果醬，用乾淨的湯匙盛入消毒好的果醬瓶中。將果醬蓋鎖緊後，倒過來放置冷卻（可讓罐內呈真空狀態以保鮮）。

Chap. 5

分享——
讓人生更甜一點

　　我很喜歡看到與人分享甜點之後，受到回饋的溫暖
笑容，那種有點甜的感受，成為我踏上甜點之路的源頭。
或許是這樣的用心透過網路擴散了出去，有公司來找我
開設甜點教學課程，讓我多了一個「甜點老師」的身分。

　　一開始並沒有很想開課。以我的個性來看，如果要
開課，必須預先做非常多準備，這讓我覺得有點麻煩。
但後來想想，透過課程，我可以將自己學習甜點的經驗
傳遞出去，讓更多人喜愛甜點，也可以將我從甜點中得
到的人生體會分享出去，何不試試看呢？

教學，不只是教，也是在學

　　第一次教課當然非常緊張。人數不少的情況下，光
課前備料就花了我很多時間。為了讓來上課的學生都能
有所收穫，我戰戰兢兢的盯著每個環節、每個學生。整
個過程對我來說有點像在打仗，但很欣慰的是，每個學
生都做出了成品，沒有人失敗。第一次的經驗很棒，也
很累，但讓我對教學有了信心。

　　後續也有過驚險的狀況。因為每次的甜點課報名
人數有名額限制，很多人都報不到，於是合作的單位討
論建議找可以容納更多人的場地，花了一番工夫終於找
到。那一次我開了一堂 50 多人的課，超大一班，租借
場地的單位也都有我所需要的器材，我也到現場測試
過。但沒想到的是，這裡的器材實際上有點老舊，在我
上課當天，有的設備當場故障，有烤箱因電線走火爆炸，
冰箱冷凍功能壞掉等等，很多狀況發生。好險關關難過

關關過，當天學生的作品也都成功了。而我從中體會到，之後要更謹慎小心掌握好各個環節，畢竟做甜點只要一個細節出錯，就會全盤錯。

教學，不只是在「教」，更是在「學」。我必須懂得做好分配，必須訓練好邏輯思考的能力。無論在安排課程上，或是自己製作甜點上，都要學會如何配合得剛剛好。

教學，也是在訓練我自己的責任感。上課的前幾天我都會備料和準備課程到很晚，因為我要讓學生藉由這堂課充滿成就感，減少失敗的可能，這樣學生對烘焙才不會失去信心，也才願意繼續學下去。

哥教的不只是甜點，是人生

我都會在課堂上對學生說，這堂課不只是教你做甜點，而是一堂人生的甜點課。我希望學生因為這堂課能理解我從甜點中得到的體悟，甚至能對他們的人生有所啟發。遇到甜點讓我的人生變甜了，我也會繼續將這些想法傳達出去。

還記得我剛開始教課時，有次曾經問了課堂上的某位學生：「你為什麼喜歡甜點？為什麼想來上課？」我以為來上課的應該都是熱愛甜點的人，沒想到她看了我三秒後說：「我是來看你的。」我滿臉通紅，因為這答案跟我預期的很不一樣。但後來想想，這樣也沒什麼不好，如果她因為喜歡我而開始接觸甜點，甚至培養出新的技能，也是好事一件。果然，現在我的學生確實一個個朝著這樣的方向努力著，其中我知道的就有五位考上了證照。

他們一開始是因為支持我而來，但之後卻真心喜歡甜點，喜歡烘焙，甚至考上證照，對我來說，這也是很大的鼓勵與成就感。

我就這樣從甜點課中接收到許多善的循環和回饋。有許多學生因為來上我的課，從互不相識到變成很好的朋友，彼此會不定期聚會，一起去品嘗甜點，分享生活的點滴。他們也會把這些美好的體驗告訴我，讓我感受到他們的快樂。我很鼓勵他們要好好珍惜這難得的緣分，這也讓我更堅信甜點能帶來許多美好的連結與善的緣分。

投資自己，就是最好的投資

　　現在的我，面對甜點，就是抱持著一種開心做的態度。

　　我常對學生說，面對工作的時候，要有「從專業到敬業到樂業」的精神。一開始要先訓練出自己的專業能力，透過專注與努力練就基本功。之後要抱持敬業的態度，展現出對工作的熱忱與尊重，遇到困難也不要只是抱怨，並且懂得與人好好相處，才能持續做好工作。

　　最後則是要真心喜歡這個工作，樂於與人分享工作的喜悅與熱情，也能因此讓別人更相信你在這領域的專業與能力。

　　更重要的是，在樂業之餘也要學會讓生活留白，不要把所有時間都填得很滿。可以試著放慢腳步，空出一些時間做新的學習。像我現在還是會去上課補充新知，無論是不是對甜點事業有幫助，只要是好的學習，都值得去嘗試。

　　曾有些財經類的媒體訪問過我，他們問我平常都為自己做哪些投資？我總是回答：「投資自己，就是最好的投資。」只有投資自己不會倒，因為學到的技能都是自己的，投資的回收都在自己身上。

　　我透過分享自己的經驗向大家傳遞甜點的美好，以及我從甜點中學會的這許多事。很期望這條甜蜜與美味的路，有更多人可以和我一起漫步其中，真心享受讓人生更甜一點的美好滋味。

Recipe

41

花火巧克力

材料 約 18 支

苦甜巧克力	450g
無鹽奶油	45g
杏仁角	100g
玉米脆片（也可用巧克力米）	100g
跳跳糖	100g

—— Notes

苦甜巧克力也可換成白巧克力或草莓巧克力，作法皆相同。

作法

1
苦甜巧克力與無鹽奶油一起微波或隔水加熱至融化。

2
玉米脆片先置於塑膠袋中以擀麵棍稍碾碎，與杏仁角、跳跳糖一起加入作法 1 中拌勻。

3
準備棒棒糖塑膠模及棒棒糖棍，在模中填好餡料用刮刀鋪平，入冰箱冷藏至凝固即可。

Recipe

42

萬聖節南瓜派

材料 9cm 布丁模約 3 個

餡料

南瓜	200g
細砂糖	30g
蛋黃	1 個
無鹽奶油	20g
牛奶	15g
肉桂粉	1.5g
果仁	25g

酥皮

市售酥皮	適量
蛋黃	1 個
水	10g

作法

1

南瓜去皮去籽切塊,微波 8 分鐘使南瓜熟透(或用電鍋蒸熟),取出 200g 南瓜肉壓成泥狀。

2

南瓜泥中依序加入糖、蛋黃、無鹽奶油、牛奶、肉桂粉攪拌均勻。

3

將果仁放入烤箱用 100 度烤
10~15 分鐘（可增加堅果香
氣），烤熟後切碎。加入作法
2 南瓜泥中拌勻。

4

取 9cm 的淺布丁模，鋪上一
層市售酥皮在底部。將多餘酥
皮切除。

5

用圓型模切出上層酥皮，用小
刀劃出圖案。

6

將南瓜餡填入酥皮上，再蓋上
作法 5 的上層酥皮。

7

將上下層酥皮結合處捏緊。

8

蛋黃加水拌勻，刷上作法 7 的
酥皮表面，入烤箱以攝氏 180
度烤 20~25 分鐘即可。

Recipe

43

蛋糕棒棒糖

材料　約 40 個

蛋糕（8 吋）

無鹽奶油（室溫軟化）—— 220g
細砂糖 ———————————— 200g
雞蛋 ——————————————— 4 個
低筋麵粉 ————————————— 330g
無鋁泡打粉 ————————————— 12g
牛奶 ——————————————— 250ml

醬料與裝飾

奶油乳酪（室溫軟化）————— 180g
無鹽奶油（室溫軟化）————— 40g
糖粉（過篩）————————————— 60g
苦甜巧克力及白巧克力 ——— 各 150g
糖珠 ———————————————— 適量

作法

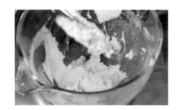

1

將蛋糕材料中的無鹽奶油和砂糖一起攪打至泛白乳霜狀。

2

將蛋分次加入作法 1 奶油中，每次加入要等完整攪拌吸收後再加入。

3

低筋麵粉與泡打粉過篩，與牛奶相互交錯加入作法 2 中攪拌均勻。

4

將作法 3 麵糊放入底與邊都鋪有烤焙紙的 8 吋模中，以攝氏 180 度烤 50~60 分鐘後置涼。

5

將置涼的蛋糕打散捏碎備用（蛋糕四周及表面烤得較硬的部分不用）。

6

將醬料材料中的奶油乳酪和無
鹽奶油放置室溫軟化,和糖粉
一起加入作法 5 的碎蛋糕中,
用手搓拌均勻。

7

將作法 6 的碎蛋糕滾成球狀
(乒乓球大小,約 30 克),
放入冰箱冷凍 10 分鐘。

8

取苦甜巧克力和白巧克力分別
加熱至融化。

9

將棒棒糖桿沾上融化巧克力約
1 公分段,插入作法 7 的球型
蛋糕後,冷凍約 5 分鐘,讓桿
子與蛋糕體可以結合固定。

10

球型蛋糕由冰箱取出後,沾裹
融化的巧克力, 趁巧克力未乾
時,撒上糖珠裝飾。

抹茶果仁牛軋糖

材料　43cmX33cm 淺烤盤的一半量

夏威夷豆	350g	水	80g
無鹽奶油	150g	海鹽	3g
蛋白	65g	奶粉	150g
水麥芽	600g	抹茶粉	25g
細砂糖	65g	蔓越莓乾	250g

作法

1

夏威夷豆先以 120 度烘烤 15 分鐘。無鹽奶油用鋼碗裝盛，同時放入烤箱加熱至融為液狀。續放烤箱中保溫。

2

蛋白放入攪拌鋼碗中備用。

3

將水麥芽、砂糖、水、海鹽加熱，煮至約 115 度時，即可開始打發蛋白至硬性發泡。

4

糖漿續煮至 130 度時關火（冬天約 125~135 度之間，夏天可至 140 度），慢慢倒入正在攪拌的蛋白裡一起攪打。

5

繼續慢慢倒入保溫中的作法 1 液態無鹽奶油，攪打至吸收後，加入奶粉和抹茶粉攪拌均勻後停止。

6

迅速取下球狀攪拌器，換上槳狀攪拌器，倒入蔓越莓乾及作法 1 保溫中的夏威夷豆稍微拌勻。

7

趁熱倒至烤焙布上，用烤焙布搓揉。

8

取一淺烤盤，把搓揉好的糖連同烤焙布一起放上烤盤，上面再蓋一張烤焙布。用擀麵棍擀至與烤盤同厚度，等待置涼完成。

9

置涼變硬後，用切糖刀或菜刀切成適當大小即可。

Recipe
45

蔓越莓夏威夷豆塔

材料　12 個

塔皮

無鹽奶油（室溫軟化）	130 克
細砂糖	50g
雞蛋	1 個
低筋麵粉	190g
鹽	1g

內餡

夏威夷豆	300g
蔓越莓乾	75g
動物性鮮奶油	65g
細砂糖	65g
蜂蜜	55g
無鹽奶油	40g

作法

塔皮

1
將無鹽奶油加細砂糖，用槳狀攪拌器拌至乳霜狀。

2
將雞蛋打散，分次加入作法 1（等吸收後再加入下一次）。

3
將低筋麵粉加鹽過篩，加入作法 2 中，用慢速或中速攪拌成麵團（但不能攪拌過度，以避免出筋）。

內餡

4
用保鮮膜包好麵團，
冷藏 1 小時以上。

5
以擀麵棍擀成厚度
約 0.3 公分，以圓
形切模切出適當圓
形大小，放入準備
好的小塔模、布丁
模或杯子蛋糕模中。

6
用叉子在塔皮上插些孔洞，放入烤焙紙及塔石，
以 180 度烤 15~20 分鐘。取出塔石再烤 5 分鐘。

7
將動物性鮮奶油、
細砂糖、蜂蜜、無
鹽奶油入鍋，煮至
120 度後熄火。

8
夏威夷豆先以 150
度烤 10 分鐘（烤
過可增加堅果香
氣），與蔓越莓乾
一起倒入作法 7 中
混拌均勻。

9
用湯匙將混拌好的
內餡放入塔皮，以
攝氏 180 度烤 5 分
鐘。

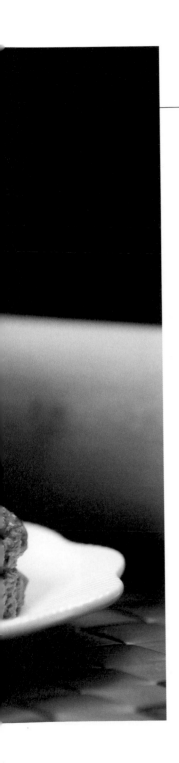

Recipe

46

抹茶蔓越莓司康

材料 8 個

中筋麵粉 ──────── 250g
無鋁泡打粉 ──────── 13g
抹茶粉 ──────── 8~10g
細砂糖 ──────── 40g
無鹽奶油（冰）── 63g

牛奶（冰）──────── 63g
雞蛋（冰）──────── 1 個
蔓越莓乾 ──────── 30g
蘭姆酒 ──────── 適量
蛋黃液 ──────── 1~2 個

作法

1
將蔓越莓乾泡入蘭姆酒中約 30
分鐘，備用。

2
將中筋麵粉、無鋁泡打粉、抹
茶粉一起過篩，之後加入細砂
糖，混拌均勻。

3

將冰的無鹽奶油切成丁，加入
作法 2 的粉中，用手搓揉成細
顆粒狀，搓至捏不到整塊奶油
（動作須迅速，避免手溫讓奶
油融化）。

4

將冰牛奶和冰雞蛋混拌均勻，
再加入作法 3 中拌勻。

5

續加入已瀝乾的作法 1 蔓越莓
乾，攪拌均勻成麵團。

6

將麵團用保鮮膜包好，放冰箱
冷藏 30 分鐘至 1 小時。

7

從冰箱取出後，用擀麵棍擀成
約 2.5~3 公分厚度，再用圓形
模切圓。

8

表面塗抹蛋黃液後，以 180 度
烤 12~15 分鐘。

好運五行發糕

材料 5 色各 2 個

溫牛奶 —————— 450g	薑黃粉 —————— 2.5g
細砂糖 —————— 292g	紅麴粉 —————— 6g
低筋麵粉 —————— 378g	巧克力豆 —————— 適量
無鋁泡打粉 —————— 17g	蔓越莓乾 —————— 適量
可可粉 —————— 4g	鹽漬櫻花 —————— 適量
抹茶粉 —————— 4g	

作法

1
準備溫牛奶，將細砂糖加入攪拌，使砂糖稍微溶解。

2
將過篩的低筋麵粉與無鋁泡打粉加入作法 1 牛奶中，攪拌均勻成麵糊。

3
將作法 2 的麵糊均分成 5 份，其中留 1 份做原味發糕，另外 4 份分別加入可可粉、抹茶粉、薑黃粉、紅麴粉。

4
在作法 3 的可可麵糊中，加入
巧克力豆拌勻。

5
在作法 3 的紅麴麵糊中，加入
蔓越莓乾拌勻。

6
在作法 3 原味麵糊表面放上鹽
漬櫻花（先以開水泡過再用廚
房紙巾壓乾）裝飾用。

7
準備布丁模或杯子蛋糕模，內
放紙模。將 5 色麵糊分別倒入
模中至少九分滿。

8
放入電鍋中，外鍋放入約 2 杯
熱水，蒸約 20 分鐘，取出放
涼即可。

水果千層蛋糕

材料 8吋2個

蛋糕皮（約直徑20公分、30片）

雞蛋	240g（約4顆）
細砂糖	50g
鮮奶油	170g
低筋麵粉	190g
牛奶	470g

水果內餡

奇異果	2個
芒果	2個
香蕉	2根

卡士達鮮奶油醬

蛋黃	120g
細砂糖A	120g
低筋麵粉	35g
牛奶	460g
無鹽奶油	30g
香草莢	1支
鮮奶油	300g
細砂糖B	45g
橙酒	8g

作法

蛋糕皮

1

雞蛋4顆加上細砂糖50g一起攪拌均勻。

2

作法1中加入鮮奶油與低筋麵粉拌勻。

3

接著加入牛奶，攪拌均勻後過篩備用。

卡士達鮮奶油醬

4

將蛋黃、細砂糖 A 先混合攪拌
均勻，再加入 35g 低筋麵粉拌
勻備用。

5

接著將 460g 的牛奶加上無鹽
奶油、香草莢及香草籽，煮至
小滾。

6

將作法 5 的小滾牛奶，慢慢倒
入備用的作法 4 蛋黃鍋（需邊
倒邊攪拌）。

7

將拌好的作法 6 回煮至濃稠過
篩，用保鮮膜緊貼，等待降溫
備用。

8

將鮮奶油和細砂糖 B 一起打發至溼性發泡。加入降溫的作法 7 卡
士達醬，攪拌均勻成卡士達鮮奶油醬。

製作及組合

9
將作法 3 的千層蛋糕麵糊舀 1
匙，放入稍微加熱的平底鍋中
使其攤平。

10
以小火加熱，若表面有起泡泡即可翻面，重複此步驟製作千層蛋
糕皮。

11
將奇異果、芒果、香蕉切片或
切丁。依序先放三層蛋糕皮，
每層蛋糕皮皆抹上卡士達鮮奶
油醬。

12
鋪上一層水果後，每隔三層再鋪上一種水果，鋪完 15 層之後即
完成。

繽紛水果塔

材料 8吋1個

塔皮

無鹽奶油（室溫軟化）──	65g
糖粉 ──	50g
鹽 ──	少許
雞蛋 ──	30g
低筋麵粉 ──	130g

卡士達醬

蛋黃 ──	2 顆
細砂糖 ──	75g
低筋麵粉 ──	25g
鮮奶 ──	250g
香草莢 ──	1/4 支

水果與裝飾

香蕉 ──	適量
芒果 ──	適量
奇異果 ──	適量
葡萄 ──	適量
火龍果 ──	適量
鏡面果膠 ──	適量

── Notes ──

水果可依時令挑選不同種類，如草莓、藍莓都可以做替換。

作法

塔皮

1
無鹽奶油入攪拌盆，加入糖粉和鹽，慢速攪拌均勻。

2
將雞蛋打散，分次加入作法 1 中攪拌均勻。

3

低筋麵粉 130g 過篩後，加入作法 2 攪拌均勻。

4

操作台上鋪保鮮膜，麵團放上並壓平，用保鮮膜包好，入冰箱冷藏 1 小時。

5

取出麵團，操作台上鋪保鮮膜後放上麵團，再鋪一層保鮮膜覆蓋。以擀麵棍擀平至 0.3~0.5 公分厚，比菊花塔模大。

6

將塔皮鋪在 8 吋菊花塔模上，切除多餘塔皮。

7

用叉子在底部平均叉孔，放入冰箱冷藏 10 分鐘。

8

將烤焙紙揉皺鋪在塔皮上，倒入塔石壓著，入烤箱以 170 度烤 13 分鐘。取出塔石及烤焙紙後，再烤 10 分鐘。出爐後置涼。

卡士達醬

9

將蛋黃、細砂糖、低筋麵粉 25g 混合攪拌均勻。

10

單柄鍋中放入鮮奶，加入香草莢中刮出的香草籽，
加熱至小滾。

11

將小滾的鮮奶倒入作法 9 中拌勻，再倒回鍋中煮至
濃稠後離火。

12

將作法 11 的卡士達醬過篩，用保鮮膜貼緊表面，置
涼備用。

組合與裝飾

13

將做好置涼的卡士達醬攪拌至軟化後，倒入已經置
涼的塔皮中。

14

將切好的水果鋪排上去，刷上鏡面果膠即完成。

初戀檸檬塔

材料 6 吋 2 個

塔皮

無鹽奶油（室溫軟化）	75g
純糖粉	50g
全蛋液	25g
杏仁粉	25g
低筋麵粉	155g

內餡

細砂糖	125g
檸檬皮	約 3 顆
雞蛋	185g
蛋黃	50g
玉米粉	25g
檸檬汁	135g
無鹽奶油（室溫軟化）	190g

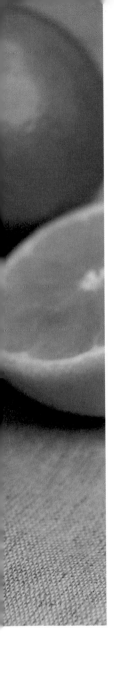

義大利蛋白霜

（用以下材料的 5 倍份量較好操作））

蛋白 ———————————— 24g

細砂糖 A ———————————— 12g

水 ———————————— 12g

細砂糖 B ———————————— 36g

檸檬汁 ———————————— 1g

其他

白巧克力 ———————————— 40g

——————— Notes ———————

· 製作義大利蛋白霜，以
  所列材料的 5 倍份量會
  比較好操作。

· 在烤好塔皮內塗上一層
  白巧克力，不僅可增加
  風味，更能讓塔皮防潮，
  維持口感。

作法

塔皮麵團 ——————————————————————

1

將放室溫軟化的無鹽奶油加上糖粉攪拌至乳霜狀。

2

全蛋液分次加入作法 1 中，每次要等完全吸收之後
再加入。

3

接著加入杏仁粉混拌均勻。

4

加入低筋麵粉拌勻成麵團。用保鮮膜包好，冷藏 3
小時備用。

內餡

5

將細砂糖與檸檬皮混拌，用手搓揉後，靜置 15 分鐘備用。

6

在雞蛋和蛋黃中，加入作法 5 的檸檬糖，用打蛋器攪拌均勻。

7

續加入玉米粉，攪拌均勻備用。

8

將檸檬汁倒入湯鍋，小火煮沸後離火，倒入作法 7 中拌勻，需一邊攪拌一邊倒入。再倒回湯鍋中，回煮至濃稠後過篩。

9

等降溫至 40~50 度，將室溫軟化的無鹽奶油加入拌勻，需拌至無結塊，即成檸檬奶油醬。用保鮮膜蓋好備用。

塔皮 + 內餡

10

將冷藏的作法 4 塔皮麵團，擀成超過塔模大小，厚度約 0.3 公分，鋪入塔模中並切除多餘塔皮。底部用叉子叉出孔洞。

11

塔皮內鋪上烤焙紙後，放上塔石，以 170 度烤 12 分鐘後拿出塔石與烤焙紙，再續烤 8~10 分鐘，取出置涼備用。

12

將白巧克力隔水加熱至融化，塗抹在已經置涼的塔皮內。

13

再將作法 9 的檸檬奶油醬倒入擠花袋中，擠入已經塗抹白巧克力的塔皮中，抹平備用。

義大利蛋白霜

14

蛋白加上檸檬汁打發，將細砂糖 A 分次加入，打至硬性發泡。

15

將水和細砂糖 B 入湯鍋，煮至 118~121 度，倒入正在打發的蛋白霜中，續打發至有光澤。降溫後倒入裝有花型擠花嘴的擠花袋中。

16

將義大利蛋白霜擠花至作法 13 的檸檬塔上。

17

用噴火槍在蛋白霜上稍微噴燒出紋路即完成。

人生，

<u>繼續有點甜……</u>

明明‧
有點甜

施易男的 50 道幸福甜點，
以及甜點教我的事

文字、食譜攝影／施易男

主編／林孜懃
美術設計／陳采瑩
版面構成協力／連紫吟、曹任華
人物情境攝影／日日寫真事務所
行銷企劃／鍾曼靈
出版一部總編輯暨總監／王明雪

發行人／王榮文
出版發行／遠流出版事業股份有限公司
地址／台北市南昌路 2 段 81 號 6 樓
電話／(02) 2392-6899
傳真／(02) 2392-6658
郵撥／0189456-1

著作權顧問／蕭雄淋律師
2019 年 8 月 1 日 初版一刷
定價／新台幣 450 元（缺頁或破損的書，請寄回更換）
有著作權‧侵害必究 Printed in Taiwan
ISBN 978-957-32-8611-0

Ylib 遠流博識網
http://www.ylib.com　　　E-mail: ylib@ylib.com
遠流粉絲團 https://www.facebook.com/ylibfans

國 家 圖 書 館 出 版 品 預 行 編 目（CIP） 資 料

明明‧有點甜：施易男的 50 道幸福甜點，還有甜點教我的事／施易男著.
-- 初版 . -- 臺北市：遠流，2019.08
192 面；17×23 公分
ISBN 978-957-32-8611-0（平裝）
1. 點心食譜

427.16   108011170

1 - Cacao Barry 可可巴芮防潮可可粉

2 - Cacao Barry 可可巴芮醇品坦尚尼亞
    純苦甜調溫巧克力 75%

3 - GALBANI 葛巴倪瑪斯卡邦乳酪

4 - La Perruche 鸚鵡牌細蔗糖

5 - Les vergers Boiron 保虹冷凍覆盆子

6 - Les vergers Boiron 保虹冷凍草莓

7 - Les vergers Boiron 保虹冷凍覆盆子果泥(含糖) 1kg

8 - Les vergers Boiron 保虹冷凍草莓果泥(含糖) 1kg

9 - Pons 龐世特級冷壓橄欖油

10 - Les Saint De Guerande 法國葛宏德鹽之花

11 - SOSA 索莎西班牙杏仁粉

12 - President 總統牌無鹽奶油條

13 - President 總統牌動物性鮮奶油35.1%

14 - FRESH AS®富鮮急速冷凍乾燥水果粉(草莓、覆盆子、百香果)

15 - FRESH AS®富鮮急速冷凍乾燥水果 (草莓、覆盆子、荔枝)

要去哪裡買？ 請搜尋「聯馥食品官網」

Gourmet's Partner
聯馥食品
www.gourmetspartner.com

好味的配方

香滑濃郁的秘密

100% 新鮮生乳濃縮

PAMINA
白美娜
EVAPORATED MILK
MADE OF FRESH AND PURE COW'S MILK

濃縮牛乳

百分之百德國進口濃縮鮮乳

白美娜濃縮鮮乳,百分之百由德國原裝進口,絕非一般奶粉調製之還原奶水,是市場上唯一以生乳濃縮製成之優質產品,白美娜是您百分百唯一的選擇。

掃描 QR Code加入粉絲專頁,更多使用心得與分享,歡迎查看及提問

facebook 白美娜

萬記貿易有限公司 台北市石牌路2段336號2樓 02-28743363